低渗-超低渗油藏有效开发关键技术丛书

超低渗透油藏物理模拟方法与渗流机理

Physical Simulation Method and Seepage Mechanism of Ultra-Low Permeability Reservoir

李熙喆　杨正明　张亚蒲　等　著
罗　凯　骆雨田　李海波

科 学 出 版 社
北 京

内 容 简 介

本书主要介绍超低渗透油藏物理模拟方法与渗流机理在"十三五"时期的研究成果，主要包括超低渗透油藏关键物性测试方法及储层特征研究、数字岩心研究与应用、渗吸驱油机理研究、注入不同介质开采机理研究及应用，以及有效开发理论及应用等方面。

本书可供从事石油工程、石油开发类的生产、教学和科研人员参考，也可作为石油工程专业研究生的学习用书。

图书在版编目（CIP）数据

超低渗透油藏物理模拟方法与渗流机理 = Physical Simulation Method and Seepage Mechanism of Ultra-Low Permeability Reservoir / 李熙喆等著. —北京：科学出版社，2023.1

（低渗-超低渗油藏有效开发关键技术丛书）

ISBN 978-7-03-070780-2

Ⅰ. ①超… Ⅱ. ①李… Ⅲ. ①低渗透油气藏–物理模拟 ②低渗透油气藏–渗流 Ⅳ. ①P618.130.2

中国版本图书馆 CIP 数据核字（2021）第 243513 号

责任编辑：万群霞 崔元春 / 责任校对：郑金红
责任印制：师艳茹 / 封面设计：无极书装

科 学 出 版 社 出版

北京东黄城根北街 16 号
邮政编码：100717
http://www.sciencep.com

北京建宏印刷有限公司 印刷
科学出版社发行 各地新华书店经销

*

2023 年 1 月第 一 版 开本：787×1092 1/16
2024 年 3 月第二次印刷 印张：12
字数：285 000

定价：198.00 元

（如有印装质量问题，我社负责调换）

前　言

随着我国经济快速发展，石油等能源的消费总量大幅度增加。2021 年我国原油消费量为 7.12 亿 t，中国原油产量为 1.99 亿 t，原油进口量 5.13 亿 t，原油进口量占总消费量的 72%，石油对外依存度过高已经成为影响我国能源安全的重大问题。中国石油天然气集团有限公司(简称中国石油)的超低渗透油藏资源潜力大。自 2006 年以来，中国石油的年均探明低渗透油藏资源储量为 4.3 亿 t，占公司总探明资源储量的 62.9%。超低渗透油藏是中国石油探明低渗透资源储量的主要部分，占低渗透油藏资源总探明资源储量的 47.7%。近年来，水平井和体积压裂技术实现了超低渗透油藏初期规模有效开发，超低渗透油藏产量快速增长，已成为中国石油油田开发的重要组成部分。但随着开发的进行，面临产量递减快、稳产期短、采出程度低等问题，迫切需要探索超低渗透油藏有效开发理论来指导现场开发。

本书针对超低渗透油藏储层特征，建立了超低渗透油藏关键物性测试和数字岩心精细刻画等方法，发展完善了注入不同介质驱替和吞吐的物理模拟技术，揭示了超低渗透油藏渗吸、注水吞吐和注 CO_2 吞吐等开采机理，形成了超低渗透油藏有效开发理论，探索了超低渗透油藏补充能量新方法，为超低渗透油藏有效开发提供了理论和方法。

第 1 章由杨正明、郭和坤、李海波、刘学伟、骆雨田、张亚蒲、熊生春、王学武撰写；第 2 章由李熙喆、杨正明、郭和坤、李海波、骆雨田、张亚蒲、熊生春撰写；第 3 章由李熙喆、杨正明、王沫然、刘建军、刘学伟、熊生春撰写；第 4 章由骆雨田、罗凯、张亚蒲、肖前华、杨正明、郭和坤、刘学伟撰写；第 5 章由刘学伟、杨正明、王学武、李海波、骆雨田、张亚蒲、熊生春、李熙喆撰写；第 6 章由程时清、于海洋、曹仁义、杨正明、刘学伟、骆雨田、王学武、张亚蒲撰写。同时感谢何英、林伟、储莎莎、龚安、张安顺、夏德斌、郑太毅、赵新礼、王志远、窦景平、姚兰兰等为本书提供的支持。

本书的依托项目是国家科技重大专项"大型油气田及煤层气开发"项目(2017ZX05013-001)和中国石油天然气股份有限公司科学研究与技术开发项目(2018B-4907)，由中国石油勘探开发研究院牵头，联合清华大学、西南石油大学、中国石油大学(北京)、中国石油大学(华东)等 6 所国内相关高校、100 多位中青年学者和研究生完成，本书内容由该重大科技成果总结而成。

本书在撰写过程中引用和参考了大量文献与有关资料，在此特向资料数据提供者和文献作者表示感谢。

由于水平有限，书中内容难免存在不足之处，请给予批评指正。

作　者

2022 年 2 月

目　　录

第 1 章	绪 论

近年来，随着石油工业的发展，超低渗透油藏开发已变得越来越重要，其储量资源和产量逐年递增，其有效开发对我国经济的可持续发展具有重要意义。

1.1 研 究 背 景

1.1.1 超低渗透油藏资源潜力大

中国石油的超低渗透油藏资源潜力大。2006 年以来，中国石油年均探明低渗透油藏资源储量 4.3 亿 t，占公司总探明资源储量的 62.9%。这些探明的低渗透油藏资源储量中，超低渗透油藏资源储量是主要部分，占低渗透油藏资源总探明储量的 47.7%，如图 1.1 所示。长庆超低渗透油藏资源储量占中国石油总超低渗透油藏资源储量的 86%，如图 1.2 所示。

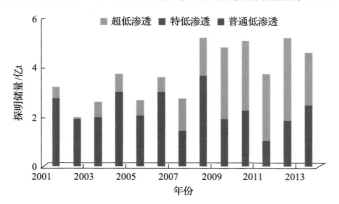

图 1.1　新增低渗透探明储量构成

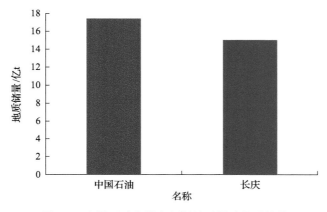

图 1.2　中国石油和长庆超低渗透原油地质储量

1.1.2 超低渗透油藏产量增长迅速

低渗透油藏的产量增长迅速(图 1.3),2006～2014 年,低渗透油藏产量年均增长 5.9%,达到 4687 万 t,其中,2014 年长庆超低渗透油藏原油产量(图 1.4)占中国石油低渗透油藏产量的 1/6。由此可见,超低渗透油藏已成为油田开发的重要组成部分。

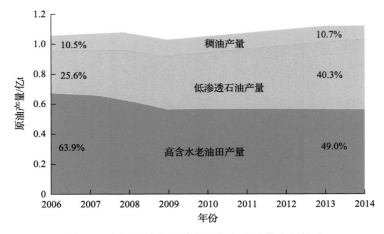

图 1.3　中国石油的石油产量的主要油藏类型构成

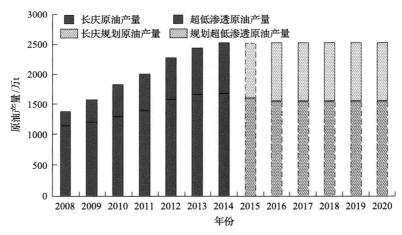

图 1.4　长庆的油气当量完成及规划

1.1.3 超低渗透油藏单井产量递减快、采出程度低

"水平井+体积压裂改造"初步实现了超低渗透油藏初期规模有效动用,但随着开发的进行,由于超低渗透油藏储层微纳米级喉道所占比例较高,在注采井间难以建立有效驱动压差,常规注水补充能量遇到瓶颈,导致产量递减较快,采出程度低。统计长庆超低渗透油藏在 2010～2014 年产量自然递减为 13.7%,综合递减为 11.5%,如图 1.5 所示。动态采收率仅为 10.8%,比标定采收率低 7.2%,如图 1.6 所示。

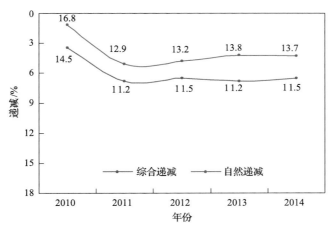

图 1.5 超低渗透油藏历年递减状况

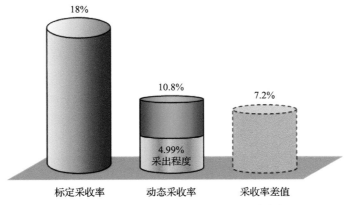

图 1.6 超低渗透油藏动态采收率与标定采收率对比

要提高超低渗透油藏储量的动用效果有赖于对超低渗透油藏渗流机理的认识。而超低渗透油藏储层和开发特点,对物理模拟和开发机理研究提出了更高的挑战。因此,研究超低渗透油藏物理模拟方法与开采机理对于高效开发超低渗透油藏具有重要意义。

1.2 超低渗透油藏物理模拟方法及开采机理研究面临的挑战

超低渗透油藏物理模拟方法与开采机理研究面临三大问题。

(1)如何精确测试和表征超低渗透油藏关键物性参数及其在开发过程中的变化规律?

超低渗透油藏纳米级孔喉占据主体,如何精确测量纳米级孔喉分布是非常关键的问题。超低渗透油藏由于储层沉积特征和纳米级孔喉发育,其储层润湿性和流体黏度与中高渗透储层有较大的差异,而且在测量时,由于超低渗透储层孔喉中流体所占比例较小,给测量带来很多问题,需要探索新的实验方法。

(2)如何揭示超低渗透油藏体积压裂条件下的渗流机理?

储层润湿性影响超低渗透油藏渗吸效果,因此,如何通过物理模拟实验研究超低渗透油藏润湿状况及其如何表征，并在此基础上，研究渗吸机理的主控因素、渗吸影响区域及对产能的影响十分关键。

(3)如何模拟超低渗透油藏补充能量的方式，以及其开采机理是什么？

利用常规注水补充能量出现瓶颈，面对超低渗透油藏采用多种井型(直井、水平井、分段压裂水平井)和体积改造压裂措施，需要模拟超低渗透油藏在不同注入介质(水、CO_2 等)、不同开发方式(驱替、吞吐)时的渗流过程和开发效果，探索新的能量补充方法，来改善超低渗透油藏开发效果。

1.3　超低渗透油藏物理模拟方法及开采机理研究取得的主要成果

在"十三五"期间，笔者团队重点围绕制约超低渗透油藏有效开发的瓶颈问题开展联合攻关，在重点设备研发、关键物性参数测试、不同尺度岩心渗吸及注入不同介质驱替和吞吐的物理模拟方法等方面取得一些新进展，具体包含以下几点。

(1)研发了以"高温高压核磁共振在线测试系统"为代表的 5 套物理模拟关键设备，升级改造了高压大模型物理模拟实验系统，发展了超低渗透油藏物理模拟设备体系。

高温高压核磁共振在线测试系统是依托苏州纽迈分析仪器股份有限公司设计制造的，是将低磁场核磁共振(NMR)测试技术与岩心高温高压驱替物理模拟实验技术相结合，其创新主要有三个方面：一是设计核磁共振专用高温高压探头和改进循环加热单元与加压管路，实现了围压达到 40MPa，温度达到 80℃，可以模拟地层高温高压条件；二是将核磁共振最短回波时间缩短至 0.1ms，实现了纳米级孔喉中流体的信号精确测量；三是创建岩心分层 T_2 谱及磁共振成像(MRI)技术，实现了关键物性参数在实验过程中变化规律的精确表征和评价。

另外四套设备分别为超低渗透岩心精细注水、溶解气驱、离心及高温高压渗吸等物理模拟实验系统，它们在实验参数指标上处于同类设备的前列，为超低渗透油藏有效开发提供了设备支持。

随着超低渗透油藏的开发，水平井、体积压裂及不同注入介质补充能量等技术在现场应用，原有"十二五"初期研制的高压大模型物理模拟实验系统不能满足研究需要，因而在"十三五"期间对其进行了升级改造。升级后的物理模拟实验系统实现了超低渗透储层多井型(分段压裂水平井、直井)、多介质(水、CO_2、活性水等)、多种开采方式(驱替、吞吐)的物理模拟，测试效率也大大提高，对研究超低渗透油藏不同注入介质开采机理起到了重要的作用。

(2)创建了超低渗透油藏以"混合润湿性"为代表的 5 项关键物性参数测试方法，揭示了超低渗透储层微观孔隙结构特征及微尺度渗流机理。

润湿性是储层中极为关键的一个物性参数，对于油田开发效果有很大的影响。研究团队提出了在超低渗透/致密油藏储层存在混合润湿性的理念，即在岩心内部孔喉中既有亲油部分也有亲水部分，表现为混合润湿状态。据此创建了超低渗透岩心混合润湿性核磁共振测试方法，精确地测试了超低渗透油藏储层的润湿性，解决了传统阿玛特(Amott)

法在超低渗透/致密油藏中测量误差大的问题。并基于高温高压核磁共振在线实验系统，建立了在线核磁岩心动态润湿性的测试及表征方法，实现了对开发过程中润湿性变化规律的动态评价。

原油的原位黏度是指原油在地层岩石内部的黏度。在常规油气资源中，地层原油的黏度主要取决于其化学组成、温度、溶解气油比和压力等条件。而超低渗透/致密油藏中的原油主要是低黏度的轻质油，但其黏度在微-纳米级孔隙中会有大幅度上升，原位黏度远大于采出后所测黏度。建立了超低渗透岩心原位黏度物理模型及数学模型，创建了超低渗透岩心原位黏度核磁共振测试方法，分析了开发过程中岩心内部原位黏度的变化规律及原位黏度对开采效果的影响。

在微观孔喉结构测试方面，目前常用的方法有恒速压汞、高压压汞、低温氮吸附及核磁共振与离心相结合的物理模拟等实验方法，但各种方法都有一定的测试范围和优缺点。单一测试方法很难准确测得超低渗透岩心中包含微米（$\geqslant 1\mu m$）、亚微米（$0.1\sim 1\mu m$）和纳米级（$\leqslant 0.1\mu m$）全尺度的孔喉分布，而超低渗透油藏岩心以亚微米和纳米级孔喉为主，如何准确测定亚微米和纳米级孔喉结构特征及其分布显得尤为重要，这需要将其中一些方法进行融合，发挥各自的优点，避免各自的缺点。基于此，综合利用高压压汞、低温氮吸附及核磁共振与离心相结合的物理模拟实验方法，创建了超低渗透油藏岩心全尺度孔喉测试方法，对比了不同油区、不同岩性超低渗透岩心孔喉分布特征，为超低渗透油藏有效开发提供技术支持。

另外在原油赋存空间和边界层厚度精确表征与测量方面也取得了一些新进展，实现了超低渗透岩心原油赋存空间和边界层厚度的定量表征与精确测量。

对中国石油长庆、大庆和吉林等典型超低渗透区块的研究表明：超低渗透油藏储层微观孔隙结构特征是其主流喉道半径小于 $1\mu m$，随渗透率的减小，纳米级喉道增多；可动流体百分数小于 50%，流体主要被纳米级孔喉所控制；大部分超低渗透油藏的启动压力梯度大于 0.1MPa/m，流体难以被动用；通过对比同步辐射和扫描电镜图像，超低渗透岩心渗透率越低，微观非均质性越强；储层条件下的孔隙度和渗透率与地面孔隙度和渗透率有较大的差异。

（3）形成了超低渗透油藏多尺度三维数字岩心建模技术，开展了数字岩心微观渗流模拟，深化了超低渗透储层微纳米尺度渗吸采油机理，实现了超低渗透岩心 3D 打印。

量化了超低渗透储层数字岩心的临界表征单元体（REV）尺寸与分辨率关系。图像的准确识别是建立数字岩心的基础，图像分辨率是影响岩心图像孔隙大小和连通性识别的关键因素。建立了超低渗透数字岩心临界 REV 尺寸与分辨率对应关系，定量得到 REV 临界值对应真实样品尺寸为边长 0.224mm 的立方体，定量确定临界分辨率约为 1.57 像素/μm，为后续精确识别高精度图像，建立超低渗透岩心三维数字岩心奠定基础。

基于超低渗透岩石多尺度高精度成像与分析技术，形成了多尺度三维数字岩心建模技术。目前数字岩心建模中计算机断层扫描（CT）样品和图像选择主观随意性强，首次提出并建立了一套合理选取数字岩心建模和图像组合的方法。基于学界提出的考虑岩石孔隙度的扫描图像阈值分割方法，结合分形理论，提出了新的阈值分割方法，大幅提高了骨架和孔隙判别的准确率。利用模板匹配方法，基于多级匹配原理和叠加校正原理，耦合微米 CT 和聚焦离子束-扫描电子显微镜(FIB-SEM)高精度图像信息，建立准确的超低渗透储层三维数字岩心。

基于超低渗透储层数字岩心模型，开展了微观渗流模拟，深化了超低渗透储层微纳米尺度渗吸采油的机理。基于玻尔兹曼(Boltzmann)方法颜色梯度模型，首次开展了超低渗透储层自发渗吸模拟。模拟结果表明，润湿性强度明显影响两相界面的形态和空间分布。强润湿条件下，润湿相优先侵入孔隙角隅，以膜状流、角流形式流动，两相界面杂乱、分散。渗吸初始阶段，渗吸速率较大并快速下降，而后逐渐趋于平稳，润湿相自发渗吸的采出程度约为 20%。

实现了超低渗透岩心 3D 打印。基于 3D 打印模型，开展了微观渗流数值模拟和物理模拟实验研究。3D 打印模型可以准确定位孔喉分布，严格控制孔喉尺寸，提升模型制备精度和效率，能部分反映岩石的力学与强度特性。基于 3D 打印模型，通过对油水界面形态分析及优势水驱通道演化过程的刻画，研究了多孔介质驱替过程的微观动力学机制。3D 打印技术的发展和应用实现了从数字模型到实体模型的精确制备，能够再现孔隙尺度两相流动过程，可以作为传统渗流实验的有效替代，为定量表征超低渗透储层或其他复杂储层岩石内部的结构及流体流动的研究提供一条新的研究途径。

(4)形成了超低渗透油藏不同尺寸岩心渗吸采油物理模拟实验方法，揭示了超低渗透油藏渗吸开采机理。

渗吸是多孔介质自发地吸入某种润湿相的过程，在裂缝性油藏中研究较多。超低渗透油藏中岩心孔喉分布的非均质、储层天然裂缝发育和体积压裂形成人工缝网等综合作用，导致其渗吸作用不可忽略。据此，在"十三五"期间，形成了超低渗透油藏小岩心自发渗吸和动态渗吸物理模拟实验方法与大模型逆向渗吸和注水吞吐物理模拟实验方法，研究表明：逆向渗吸过程中，渗透率越低，油滴析出越晚，渗吸平衡时间长，采出程度低；裂缝可有效扩大致密基质与水接触的渗吸面积和渗吸前缘的范围，减小油排出的阻力，提高渗吸速度和采出程度；岩石越亲水，岩样的渗吸速度和采出程度越高。顺向渗吸过程中，渗透率越低，渗吸作用越明显；驱替采出程度与渗透率呈正相关，而渗吸采出程度与渗透率呈负相关。注水吞吐的渗吸距离要大于单纯的逆向渗吸距离，渗透率和注入倍数越大，渗吸距离越大。超低渗透储层大规模体积压裂与改变储层润湿性、注水吞吐相结合有利于提高超低渗透储层的渗吸效果。

(5)创建了超低渗透油藏不同注入介质驱替和吞吐物理模拟方法，探索了超低渗透油藏提高动用程度的开发方式。

创建了 3 套不同尺寸超低渗透岩样(小岩心、全直径和大模型)不同注入介质驱替和吞吐物理模拟方法，揭示了超低渗透油藏注水驱替和吞吐机理、注 CO_2 驱替、吞吐及堵塞等的开采机理。提出了针对超低渗透油藏 I 类储层以"体积压裂"为核心的直井及不同井型组合的有效驱动开发模式和针对超低渗透油藏 II 类储层以"体积压裂""不同注入介质吞吐""缝间驱替"为核心的水平井开发动用模式，为超低渗透油藏有效动用提供技术支持。

(6)形成了超低渗透油藏有效开发理论，为超低渗透油藏有效开发方式优选和产能计算提供理论基础。

　　超低渗透油藏有效开发理论的基本内涵：综合考虑超低渗透油藏储层特征(天然裂缝比较发育、基质孔喉细小)和人工措施(体积改造、改变储层润湿性等)的特点，以及其相互作用机制(渗吸、非线性和多尺度渗流传质)，充分发挥驱替和渗吸作用，有效提高超低渗透油藏开发效果。该理论已在长庆、大庆和大港等油田进行了应用。

　　结合超低渗透油藏体积压裂改造和开发特点，创建了考虑渗吸作用的超低渗透油藏体积改造直井和水平井数学模型，分析了不同因素对超低渗透油藏产能的影响，为形成超低渗透油藏渗吸采油开采理论奠定了基础。

第2章 超低渗透油藏关键物性测试方法及储层特征研究

与常规油藏相比，超低渗透油藏特征复杂，该类油藏有效开发关键技术的突破有赖于对储层特征的认识。如何表征超低渗透油藏储层特征及其开发变化规律，以及纳米级孔喉精确测量及关键物性参数在开发过程中的变化规律研究是目前面临的重大问题。本章基于笔者团队研究的实验设备及形成的方法，通过对基础理论的深入研究和对实验的评价创建以"混合润湿性"为代表的 5 项关键物性参数测试方法，实现参数的动态评价。

2.1　超低渗透油藏关键物性测试方法

超低渗透油藏储层微观孔隙结构的复杂程度决定了该类油藏关键物性测试的难度，而储层混合润湿性、流体的原位黏度等关键物性参数又影响该类油藏动用效果[1-10]，但其关键物性参数的测试方法需要完善和发展；笔者团队创建的 5 项关键物性参数测试方法如表 2.1 所示。对比现有的测试方法，创建的新方法的测试结果在适用性、精度及效率上都有了质的提升。本节将以"混合润湿性""原位黏度""原油赋存空间"三种测试方法为例，进行详细的论述。

表 2.1　5 项关键物性参数测试方法

关键物性参数	原方法的不足	创建的新方法
孔隙结构与分布	常规单一测试方法有一定局限性，不能准确表征纳米级到微米级多尺度孔隙分布特征	全尺度孔喉测试表征方法：将"低温氮吸附+高压压汞"有机结合，用离心-核磁共振测试进行检验
混合润湿性	常规方法测量效率低，误差大；也不能定量表征岩心水湿和油湿程度	核磁共振混合润湿性测试及动态润湿性评价方法
原位黏度	常规方法测试的黏度为体相流体黏度，流体在岩心中的原位黏度尚没有测试方法	核磁共振原位黏度测试方法及其在开采过程中的变化规律
原油赋存空间	现有技术只能对原油赋存空间进行定性或半定量描述，难以精细刻画岩心原油赋存状况	原油赋存定量表征方法
边界层厚度	微管、微珠等实验，针对超低渗透储层边界层研究有一定局限性，难以精细测试束缚水/油膜厚度	边界层厚度测试方法：将离心法和低温氮吸附法相结合来计算束缚水膜体积，再利用比表面积与微孔隙百分数的关系得到边界层厚度

2.1.1　超低渗透岩心混合润湿性测试方法

超低渗透油藏矿物成分复杂且分布随机，极低的孔渗伴随着较强的非均质性，因而其润湿性也较特殊。超低渗透砂岩的润湿性是混合润湿，其部分表面亲油，部分表面亲水。亲油部分为分散的斑状，亲水部分为连续的网状，整体表现为亲水润湿性，这说明该岩样网状连续的润湿部分控制着整个岩样的润湿性。超低渗透岩心取心后原始状态的润湿性大多是弱亲油的，而经过洗油后的岩心润湿性则主要呈现弱亲水。可见外部注入介质对岩心润湿性影响较大。研究岩心混合润湿程度及润湿性变化对油田开发具有重要意义。

岩石的润湿性测试方法有多种，可以分为定性测试和定量测试两大类。定性测试法有玻璃片法、低温电子扫描法、Wilhelmy 动力板法、微孔膜法、自动渗吸法、测井法、浮选法和染色法等。定量测试法包括测定润湿角法、Amott 法、USBM 法、自吸速率法和核磁共振法等[11-13]。其中测定润湿角法(光学投影法、吊板法)是测定岩石光滑平整表面液滴的接触角大小，从而定量评价岩石的润湿性。此方法对于单一类型矿物更为合适。由于岩心是多种矿物的组合，某些点的润湿性并不能代表岩心内部整体的润湿性。同时岩心的粗糙度及内部的孔隙结构都会影响润湿性[14]，因而测定润湿角法难以表征储层中岩石的润湿特性[15]。Amott 法、USBM 法、自吸速率法及相关的改进方法都是利用多相流体渗流理论，对储层岩心进行自发(强制)吸水和吸油，通过计量吸水和吸油的量或速率来计算岩心的润湿指数。其中 Amott 法是自吸法，适合测量岩心的平均润湿性，但测量过程复杂且耗时长[16,17]。之后出现的 USBM 法使用离心机进行强制驱替，效率更高，并且对岩心中间润湿的敏感程度更高。但离心会改变岩心的微观孔隙结构[18,19]。相对于常规储层来说，致密储层有极低的孔渗及较强的非均质性，矿物成分不仅复杂且随机分布。因此，对于致密岩心的润湿性测试，使用自发或强制吸液的方法在吸液量和吸液速率上都大打折扣，导致效率和准确度降低。同时，测试过程中对岩心孔隙结构的改变也会更加敏感。

针对超低渗透储层混合润湿性这一重要特征，笔者团队经过几年的研究提出了岩心混合润湿性测试方法，评价结果在长庆、吉林、大庆等油田多个典型区块进行了应用。同时为表征储层开发过程中的润湿性变化，形成了带温带压条件下渗流过程中的润湿性测试，称为动态润湿性测试方法。本小节将阐述岩心混合润湿性及动态润湿性测试方法。

1. 岩心混合润湿性测试方法

将超低渗透油藏物理模拟实验方法和核磁共振技术相结合，形成混合润湿实验测试新方法。实验步骤为先将致密岩心洗油，然后利用物理模拟系统进行饱和水，测试此时的核磁共振 T_2 谱；再用 $MnCl_2$ 水溶液(锰水)浸泡来消除水的核磁共振信号后进行油驱，模拟原始状态下的含油岩心(束缚水状态下的含油饱和度)，测试此状态下的岩心核磁共振 T_2 谱，如图 2.1 所示。从图中可以看出，在致密油岩心的核磁共振谱图中，左边表示的束缚流体既有油，也有水，表明在致密岩心小孔道中和较大孔道壁表面既有油湿，也有水湿，为混合润湿。岩心如表现为弱亲油，则表明岩心中亲油部分大于亲水部分；反之岩心如表现为弱亲水，则表明岩心中亲水部分大于亲油部分。

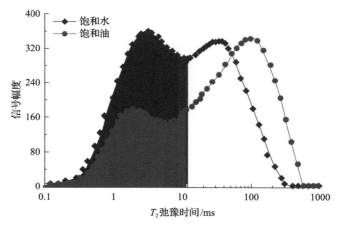

图 2.1　混合润湿性测试原理油水分布图

定义混合润湿指数为

$$MI_{wo} = \frac{S_{ws} - S_{os}}{S_{ws} + S_{os}} \tag{2.1}$$

式中，MI_{wo} 为混合润湿指数，无因次；S_{ws} 为核磁共振谱图亲水面积（图 2.1 左边蓝色部分），m^2；S_{os} 为核磁共振谱图亲油面积（图 2.1 左边红色部分），m^2。当 $S_{os}=0$ 时，表明岩心中所有孔喉没有亲油部分，全部亲水，此时混合润湿指数 MI_{wo} 等于 1，为强亲水；当 $S_{ws}=0$ 时，表明岩心中所有孔喉没有亲水部分，全部亲油，此时混合润湿指数 MI_{wo} 等于 -1，为强亲油；当 $S_{os}=S_{ws}$ 时，表明岩心中亲油部分与亲水部分相等，此时混合润湿指数 MI_{wo} 等于 0，为中性润湿。MI_{wo} 大于 0，表明岩心中亲水部分多于亲油部分，整体表现为亲水，其数值越大，表明岩心亲水性越强；MI_{wo} 小于 0，表明岩心中亲油部分多于亲水部分，整体表现为亲油，其数值越小，表明岩心亲油性越强。

下面引入两个参数来描述岩心的混合润湿程度：

$$F_w = \frac{S_{ws}}{S_{ws} + S_{os}}$$

$$F_o = \frac{S_{os}}{S_{ws} + S_{os}} \tag{2.2}$$

$$F_w + F_o = 1$$

式中，F_w 为亲水系数（表示岩心中水湿的面积占总面积的多少），无因次；F_o 为亲油系数（表示岩心中油湿的面积占总面积的多少），无因次。

因此，用上述 3 个参数（MI_{wo}、F_w 和 F_o）可以全面表述多孔介质的润湿特性。该方法与自吸法相比，岩石润湿性新方法在实验准备阶段需要增加两个步骤：一是需要使用离心法与核磁共振技术相结合标定每块岩样的可动流体 T_2 截止值，或者根据岩样饱和水状态的核磁共振 T_2 谱形态直接确定其 T_2 截止值。二是需要对岩样重新饱和预先配置的浓度为 15000mg/L 的锰水，对于离心后处于束缚水状态的岩样，需要将其重新烘干后抽真空、加压饱和锰水。对于饱和盐水的未离心岩样，可直接使用锰水驱替置换岩样孔隙中的盐水。实验准备部分的其余操作流程与自吸法相同。恢复岩样的地层原始润湿性后，在润湿性测定部分，仅需对饱和模拟油状态(束缚水为锰水)的岩样进行核磁共振 T_2 谱测试。该方法与自吸法相比，大幅度降低了实验时间并且提高了测量精度。

2. 岩心动态润湿性测试方法

动态润湿性是指油藏内部高温高压下渗流过程中的润湿性，是随开发过程不断变化的润湿性。动态润湿性与常规润湿性的不同之处在于，常规测试润湿性是将岩心从地层取出后置于常温常压下测试其润湿性，内部流体渗流状态、温度、压力都与油藏原始状态有所不同，而动态润湿性考虑了以上关键物性参数，用来描述油藏开发过程中储层岩石内部润湿性的动态变化。

在开发过程中岩心内孔隙流体分布如图 2.2 所示，图 2.2(a)是油藏岩石孔隙原始状态下的油水分布，大孔隙被原油充注，并且长期和原油接触部分表面是亲油的。束缚水多存于小孔隙中，部分亲水矿物表面依旧保持水湿。图 2.2(b)～(d)是开发过程中注入水后的情况。图 2.2(b)是理想情况，注入水后将岩心内部原油全部驱出。图 2.2(c)是常规储层开发过程中流体分布的变化，岩心内部原油逐渐被注入水驱出，仅有部分原油以斑状存在于油湿矿物表面。图 2.2(d)是经过储层改造后的孔隙内部流体分布，孔隙经过酸化等注入介质的充注，部分矿物溶解，暴露出了新的矿物有新的润湿性，进而孔隙整体的混合润湿性、亲水亲油矿物占比都会变化。储层经过改造后润湿性会与原始状态不同，在开发过程中的润湿性也会不断变化。

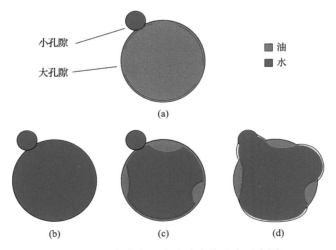

图 2.2 开发中岩心内孔隙流体分布示意图

使用动态润湿性主要是针对岩心物理模拟实验中的润湿性改变。在线核磁共振技术将低场核磁与岩心物理模拟实验设备相结合，能够有效测试岩心开发过程中的核磁共振 T_2 谱，为岩心动态润湿性的测试提供了硬件条件。

使用低场核磁共振测试致密岩心混合润湿指数的测试方法，弥补了从静态上测试致密岩心内部润湿性的不足。在驱替、渗吸等物理模拟实验过程中，岩心的核磁共振 T_2 谱往往并不是简单地按照一定幅度向下，而是常常在降低的同时还会向左右平移。这一现象主要是孔隙表面吸附的边界流体的变化导致的。如图 2.3(a) 所示，假设初始时孔隙内壁面为中性润湿，内部油水皆在壁面有所铺展，并且原油中富含极性更强的胶质、沥青质等组分，导致油与壁面的吸附作用力更强。致密油藏的润湿性往往为混合润湿性，不同部位的润湿性不同，整体上偏弱亲水或弱亲油。如图 2.3(b) 所示，当进入开采过程中时，岩心内部流体发生变化，不考虑添加活性剂等润湿反转成分，孔隙中水油比例越来越高。此时，边界流体中原油占比不断降低，原油被不断渗吸置换到大孔隙并最终采出，进而核磁共振 T_2 谱才会在不断降低的同时向右偏移，根据致密油混合润湿性计算公式可以得出，此时的润湿性由中性润湿变得越来越亲水。

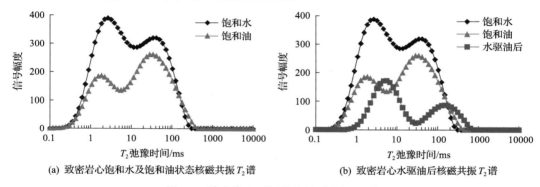

(a) 致密岩心饱和水及饱和油状态核磁共振 T_2 谱　　(b) 致密岩心水驱油后核磁共振 T_2 谱

图 2.3　致密岩心不同状态核磁共振 T_2 谱

针对以上这一润湿性改变的动态过程，还应考虑油和水与壁面分子间作用力的强弱差异。因为润湿性是液体在分子力的作用下在固体表面铺展的能力或倾向性，其本质是液体与固体相接触后形成界面，此时发生降低表面能的吸附现象。所以在利用核磁共振法测润湿性的计算式中，不仅需要考虑两相所占的体积比例，还应考虑两相分别与固体表面间的作用力强弱。进而提出动态润湿指数(dynamic wettability index) I_{DW}，用于表征开发过程中润湿性的动态变化特征。动态润湿指数 I_{DW} 表达式为

$$I_{DW} = \frac{A_{wc}F_{wj} - A_{oc}F_{oj}}{A_{wc}F_{wj} + A_{oc}F_{oj}} \tag{2.3}$$

式中，A_{wc} 和 A_{oc} 分别为饱和油状态下核磁共振 T_2 谱上可动流体 T_2 截止值以下部分水相和油相的信号总和，无量纲；F_{wj} 和 F_{oj} 分别为饱和油及驱替过程中不同状态下孔隙内边界流体水相和油相与孔隙壁面分子间的作用力，N。

A_{wc} 和 A_{oc} 表征饱和油状态下边界水和油的含量多少，具体表示为

$$A_{wc} = \sum_{0}^{T_{2c}} \left(A_{i,w} - A_{i,o} \right) \tag{2.4}$$

$$A_{\text{oc}} = \sum_{0}^{T_{2c}} A_{i,\text{o}} \tag{2.5}$$

式中，T_{2c} 为岩心可动流体 T_2 弛豫时间截止值，ms；$A_{i,\text{w}}$ 和 $A_{i,\text{o}}$ 分别为饱和水和饱和油状态下核磁共振 T_2 谱上某一点的信号幅度，无量纲。

F_{wj} 和 F_{oj} 表征岩心饱和油及驱替过程中不同状态下边界流体与孔隙壁面分子间的作用力大小，这个力越大，相应边界流体分子的弛豫时间就越短，则对应整个边界流体的 T_2 弛豫时间分布的几何平均值就越小，可表示为

$$F_{\text{wj}} \propto \frac{1}{T_{2\text{cgm,wj}}} \tag{2.6}$$

$$F_{\text{oj}} \propto \frac{1}{T_{2\text{cgm,oj}}} \tag{2.7}$$

式中，$T_{2\text{cgm,wj}}$ 和 $T_{2\text{cgm,oj}}$ 分别为岩心饱和油及驱替过程中不同状态下的核磁共振 T_2 谱上可动流体 T_2 截止值以下部分水相和油相 T_2 弛豫时间分布的几何平均值，ms。$T_{2\text{cgm}}$ 越小表明边界流体分子运动越受限，则流体与壁面间作用力越强，进而表征此相流体越润湿固体壁面。

动态润湿指数 I_{DW} 表达式为

$$I_{\text{DW}} = \frac{\dfrac{\sum_{0}^{T_{2c}}\left(A_{i,\text{w}} - A_{i,\text{o}}\right)}{T_{2\text{cgm,wj}}} - \dfrac{\sum_{0}^{T_{2c}} A_{i,\text{o}}}{T_{2\text{cgm,oj}}}}{\dfrac{\sum_{0}^{T_{2c}}\left(A_{i,\text{w}} - A_{i,\text{o}}\right)}{T_{2\text{cgm,wj}}} + \dfrac{\sum_{0}^{T_{2c}} A_{i,\text{o}}}{T_{2\text{cgm,oj}}}} \tag{2.8}$$

动态润湿指数 I_{DW} 对应润湿的本质，综合考虑了致密油藏开发过程中边界层流体的变化情况，哪一相流体的边界层占比越大、与壁面的吸附力越强，则润湿性越亲此相。则式 (2.8) 可化简为

$$I_{\text{DW}} = \frac{T_{2\text{cgm,oj}}\sum_{0}^{T_{2c}}\left(A_{i,\text{w}} - A_{i,\text{o}}\right) - T_{2\text{cgm,wj}}\sum_{0}^{T_{2c}} A_{i,\text{o}}}{T_{2\text{cgm,oj}}\sum_{0}^{T_{2c}}\left(A_{i,\text{w}} - A_{i,\text{o}}\right) + T_{2\text{cgm,wj}}\sum_{0}^{T_{2c}} A_{i,\text{o}}} \tag{2.9}$$

由于核磁共振为区分油水，将一相的信号覆盖，因而在实际操作中，仅能够测试 $T_{2\text{cgm,wj}}$ 或 $T_{2\text{cgm,oj}}$ 其中一项的变化。在线核磁物理模拟实验中常用的是饱和有核磁信号的原油，用没有核磁信号的氘水作为注入介质，此时 $T_{2\text{cgm,wj}}$ 的变化无法计算，下面讨论皆以此种情况为例，反之同理。对于致密油藏，初始饱和油阶段的润湿性大部分是中性润湿，即表明饱和油状态下边界流体水相和油相与孔隙壁面分子间作用力基本相等（即 $F_{\text{w}饱和油}$ 和 $F_{\text{o}饱和油}$ 基本相等），因而此时有饱和油状态下 T_2 谱上可动流体 T_2 截止值以下部

分水相和油相 T_2 弛豫时间分布的几何平均值基本相等(即 $T_{2cgm,w饱和油}$ 基本等于 $T_{2cgm,o饱和油}$)。为能够统一计算,并且考虑与致密油藏混合润湿指数对应,在计算时默认饱和油阶段的油水两相 T_{2cgm} 相等,取所能获取信号的那一相流体的值。后续开发过程中,无核磁共振信号的一相的 T_{2cgm} 都取此值。在饱和原油以氘水为驱替介质的情况下,都取 $T_{2cgm,o饱和油}$ 作为基准值。动态润湿指数 I_{DW} 表达式改为

$$I_{DW} = \frac{T_{2cgm,oj}\sum\limits_{0}^{T_{2c}}\left(A_{i,w} - A_{i,o}\right) - T_{2cgm,o饱和油}\sum\limits_{0}^{T_{2c}}A_{i,o}}{T_{2cgm,oj}\sum\limits_{0}^{T_{2c}}\left(A_{i,w} - A_{i,o}\right) + T_{2cgm,o饱和油}\sum\limits_{0}^{T_{2c}}A_{i,o}} \tag{2.10}$$

这样致密岩心在饱和油状态下,动态润湿指数 $I_{DW饱和油}$ 与混合润湿指数 MI_{wo} 相等。在驱替状态下又能描述润湿性的动态变化。将式(2.10)简化,令

$$\lambda = \frac{T_{2cgm,oj}}{T_{2cgm,o饱和油}} \tag{2.11}$$

式中,λ 为开发过程中边界流体油相 T_{2cgm} 的变化率,无量纲。初始饱和油阶段,$\lambda=1$;在开采过程中,λ 变大表示整体上边界原油与孔隙间作用力降低,亲水性增强,反之同理。则动态润湿指数 I_{DW} 可表示为

$$I_{DW} = \frac{\lambda A_{wc} - A_{oc}}{\lambda A_{wc} + A_{oc}} = \frac{\lambda\sum\limits_{0}^{T_{2c}}\left(A_{i,w} - A_{i,o}\right) - \sum\limits_{0}^{T_{2c}}A_{i,o}}{\lambda\sum\limits_{0}^{T_{2c}}\left(A_{i,w} - A_{i,o}\right) + \sum\limits_{0}^{T_{2c}}A_{i,o}} \tag{2.12}$$

根据动态润湿指数 I_{DW} 的表达式,当 $A_{wc}=0$ 时,边界流体 100%全为原油,此时岩心强亲油,$I_{DW}=-1$;当 $A_{oc}=0$ 时,边界流体 100%全为水,此时岩心强亲水,$I_{DW}=1$;当 $A_{wc}=A_{oc}$ 时,边界流体油水各占一半,此时岩心接近中性润湿,$I_{DW}\approx0$;当岩心亲油时,$I_{DW}<0$,其越接近-1,亲油性越强;当岩心亲水时,$I_{DW}>0$,其越接近1,亲水性越强。为较好地描述润湿性的状态,动态润湿指数 I_{DW} 的具体评价如表 2.2 所示。此标准也与《油

表 2.2　岩心动态润湿指数 I_{DW} 评价表

动态润湿指数 I_{DW}	润湿性评价
$0.7 < I_{DW} \leqslant 1$	强水湿
$0.3 < I_{DW} \leqslant 0.7$	水湿
$0.1 < I_{DW} \leqslant 0.3$	弱水湿
$-0.1 \leqslant I_{DW} \leqslant 0.1$	中性润湿
$-0.3 \leqslant I_{DW} < -0.1$	弱油湿
$-0.7 \leqslant I_{DW} < -0.3$	油湿
$-1 \leqslant I_{DW} < -0.7$	强油湿

藏岩石润湿性测定方法》(SY/T 5153—2017)及混合润湿评价标准保持一致,能够有效衡量开发过程中岩心内部润湿性的动态变化。

动态润湿指数 I_{DW} 与改进的 USBM 法的润湿性衡量标准相对应。动态润湿指数的应用场景主要是基于在线核磁技术,在岩心驱替、渗吸、吞吐过程中测试岩心自身的润湿性变化情况,在变化量上会有足够明显的差异,能够用于对比不同开发方式下对岩心动态润湿性的影响。动态润湿指数的测试只需在实验前测试岩心可动流体 T_2 截止值,以及饱和水状态 T_2 谱和饱和油老化的 T_2 谱,剩余步骤都可以在在线核磁设备上完成,无需再取出岩心做其他操作,并且初始的几步也是其他相关核磁实验的必经步骤。测试动态润湿指数的过程中对配套设计的驱替、渗吸、吞吐等实验主体部分没有任何影响,能够非接触无损地获取数据。实验过程中能够模拟油藏高温高压条件,全程无需取出岩心,避免了油气损耗导致的实验误差。并且在实验过程中随时可以利用获取的核磁数据计算当前时刻的动态润湿性,做到了简单、高效、及时。

混合润湿核磁测试方法实现了致密岩心静态下内部润湿性的测量,动态润湿指数在线核磁测试方法则在其基础上用于衡量开发过程中储层润湿性的改变。开采过程中储层润湿性受不同开发方式及注入介质的改变程度,可以用动态润湿性改变的大小来衡量,一般用开采过程中润湿性改变指数(wettability change index) CI_W 来评价:

$$CI_W = I_{DW,R} - I_{DW,O} \tag{2.13}$$

式中,CI_W 为润湿性改变指数,无量纲;$I_{DW,R}$ 和 $I_{DW,O}$ 分别为开采后和初始饱和油状态下的动态润湿指数。润湿性改变指数 CI_W 可以以表 2.3 中的划分来评价开发过程中注入介质对储层润湿性的改变。这样,通过对油田目标油层所取岩样进行在线核磁物理模拟实验,就能够有效判断在相应的开发方式和注入介质下,储层中润湿性的改变情况。

表 2.3　储层润湿性改变指数评价表

润湿性改变指数 CI_W	评价
$CI_W > 0.3$	储层在此开发方式和注入介质下极易向水湿转变
$0.1 < CI_W \leq 0.3$	储层在此开发方式和注入介质下亲水性增强
$-0.1 \leq CI_W \leq 0.1$	储层不易被此开发方式改变润湿性
$-0.3 \leq CI_W < -0.1$	储层在此开发方式和注入介质下亲油性增强
$CI_W < -0.3$	储层在此开发方式和注入介质下极易向油湿转变

2.1.2　流体原位黏度表征及测试方法

原油的原位黏度是指原油在地层岩石内部的黏度[20,21]。超低渗透油藏中的原油主要是低黏度的轻质油,但其黏度在微-纳米级孔隙中会有大幅度的上升,原位黏度远大于采出后所测黏度。其原因是孔隙边界层对流体的固-液间作用力已不可忽略。孔道中流体分布与黏度变化如图 2.4 所示。多孔介质孔道中流体中央的为体相流体,贴近固体壁面的为边界流体,原位黏度就是体相流体与边界流体共同作用下的黏度。常规储层中由于孔隙较大,边界层体积占比极少,而致密储层内部边界流体占比极高,导致边界流体黏度对原位黏度的影响不可忽略[22,23]。针对致密储层，对于其内部的原位黏度的研究较少，有必要建立适用于其微纳米尺度下的原位黏度模型，并找寻获取原位黏度的测量手段。

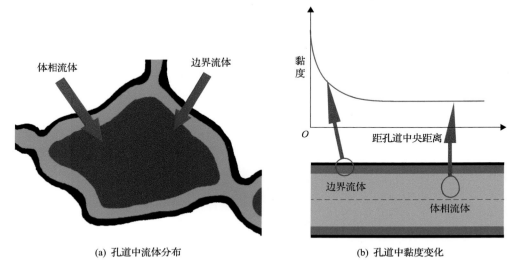

(a) 孔道中流体分布　　　　　　　　(b) 孔道中黏度变化

图 2.4　孔道中流体分布与黏度变化示意图

测量流体黏度的常规方法对于岩心内部流体显然无法适用[24-27]。核磁共振这一非接触测量方式从 1961 年起被用于测试流体黏度[28]。随后人们使用核磁共振研究了不同溶液、聚合物等流体在静态及流动过程中的黏度。总体来说，流体黏度越高，分子间作用力越强，T_2 弛豫时间就越短[29,30]。到 20 世纪 90 年代，核磁共振开始在测井过程中用于计算储层中的原油黏度。2003 年开始，核磁共振开始用于测试物理模拟实验中岩心内流体的黏度，特别是针对稠油及油砂中原油的黏度测定[31,32]。以上研究适用于常规储层，测试手段主要是核磁共振测井仪或常规岩心核磁共振分析仪。对于孔隙狭小的致密油藏微纳米级孔隙中的边界流体黏度无法精确获取与表征。

1. 原位黏度模型的建立

多孔介质内部渗流流体分布情况如图 2.5 所示。图 2.5(a) 为储层的局部模型。经过压裂后，储层内部从主裂缝延伸出了缝网，注入介质从主裂缝注入，将原油驱替出。右侧为原始状态地层，原油分布于裂缝与基质中。左侧为波及区，距离裂缝越近，原油越少，原油从远处的基质中渗流进入裂缝。图 2.5(b) 为储层的微观模型。通过渗吸置换作用将基质中的原油采出到微裂缝中。图 2.5(c) 为储层孔道内流体的原位黏度模型。体相流体主要受流体分子间作用力，表现出在外界大空间中的性质；而边界流体不仅仅受流体分子间作用力，还受到孔隙壁面强烈的静电力，因而孔隙中越靠近孔隙中央流体黏度越接近流体在外界的黏度，越靠近壁面则黏度越大。边界流体并不单指边界层上很薄的水膜或油膜，而是指受壁面分子静电力影响的一部分流体，静电力作用距离可达 10μm，但力的大小与分子间距的平方成反比。因此，边界流体包含不可动流体及一部分可动流体。

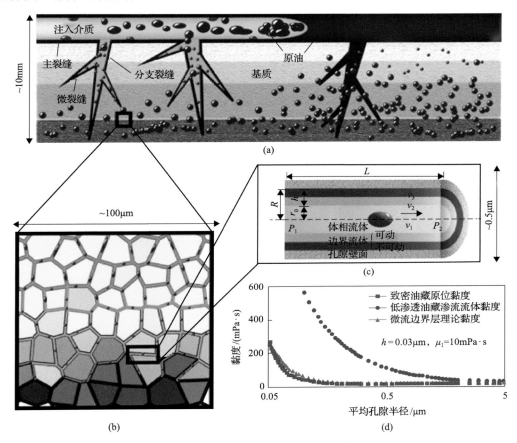

图 2.5　储层孔道示意图与原位黏度模型

建立针对超低渗透储层孔道的流体原位黏度模型如图 2.5(c)所示，将孔道假设为中空圆管。为便于计算原位黏度，并对其加以实际应用，同样将孔道中的黏度简化为两部分：一部分为孔道中央体相流体，黏度为 μ_1，另一部分为孔道边界流体，黏度为 μ_2。此模型针对致密储层原油，则原油体相流体黏度 μ_1 一般在 0.5～30mPa·s，因壁面分子强大的静电力，边界流体黏度 μ_2 是 μ_1 的 10 倍以上。孔道的平均毛细管半径为 R，孔道长度为 L，孔道两端压力分别为 P_1 和 P_2，在此压差下的边界流体厚度为 h，一般情况下 $R>1.5h$，毛细管中央的体相流体为圆柱体，则体相流体半径为 $r_0=R-h$，中间体相流体的流速为 v_1，体相与边界交界处的流体流速为 v_2，紧贴边界处的流体流速为 v_3。

由图 2.5(c)可以看出，经本模型假设后黏度变化是不连续的，但是经过假设后可以通过孔道中流量守恒，利用泊肃叶方程，列出原位黏度 μ_i 和 μ_1、μ_2 的关系表达式：

$$\frac{\pi R^4 (P_1 - P_2)}{8\mu_i L} = \int_0^{r_0} \pi r^2 \mathrm{d}v_1 + \int_{r_0}^{R} \pi (R^2 - r^2) \mathrm{d}v_2 \tag{2.14}$$

式中，r 为孔道任意处毛细管半径，μm。

对于体相流体，根据驱替力等于黏滞力，有

$$(P_1 - P_2)\pi r^2 = \mu_1(2\pi rL)\frac{\mathrm{d}v_1}{\mathrm{d}r} \tag{2.15}$$

则有

$$\mathrm{d}v_1 = \frac{(P_1 - P_2)}{2\mu_1 L}\mathrm{d}r \tag{2.16}$$

同样对于边界流体，根据驱替力等于黏滞力，有

$$(P_1 - P_2)\pi(R^2 - r^2) + 2\pi rL\mu_2\frac{\mathrm{d}v_2}{\mathrm{d}r} = 2\pi RL\mu_2\frac{\mathrm{d}v_3}{\mathrm{d}r} \tag{2.17}$$

根据泊肃叶方程，毛细管中同种流体的流动速度呈抛物线分布，令 $n = \frac{r}{R}$，则在边界流体内部有

$$\frac{\mathrm{d}v_2}{\mathrm{d}v_3} = \frac{r}{R} = n \tag{2.18}$$

将式(2.18)代入式(2.17)化简可得

$$\mathrm{d}v_2 = \frac{(P_1 - P_2)r}{2\mu_2 L}\mathrm{d}r \tag{2.19}$$

将式(2.16)和式(2.19)代入式(2.14)有

$$\frac{\pi R^4(P_1 - P_2)}{8\mu_i L} = \int_0^{r_0} \pi r^2 \frac{(P_1 - P_2)}{2\mu_1 L}\mathrm{d}r + \int_{r_0}^R \pi(R^2 - r^2)\frac{(P_1 - P_2)r}{2\mu_2 L}\mathrm{d}r \tag{2.20}$$

对式(2.20)求解可得致密储层孔道的流体原位黏度公式：

$$\mu_i = \frac{\mu_1\mu_2 R^4}{(\mu_1 + \mu_2)r_0^4 + \mu_1 R^4 - 2\mu_1 R^2 r_0^2} \tag{2.21}$$

利用原位黏度公式可以求解连续的黏度变化情况。求解出的 μ_i 考虑了边界黏度和体相黏度两部分，以及平均孔道半径和边界层厚度。

2. 原位黏度相关参数的获取

孔道中央体相流体黏度 μ_1 可由黏度计测试采出后的原油得到。当孔道半径及流体固定时，边界流体厚度主要与毛细管两端压力有关，且条件相同时边界流体厚度的关系可以推广应用。边界流体厚度与孔道的平均毛细管半径之比有如下关系：

$$\frac{h}{R} = 1 - \frac{\left[\frac{8\mu_1 LQ_s}{\pi(P_1 - P_2)}\right]^{0.25}}{R} \tag{2.22}$$

式中，Q_s 为单根毛细管流量，$\mu m^3/s$。

通过微管实验可以有效获取岩心孔道内边界流体厚度与驱替压差及流量的关系。内径为 2.5μm 的微米管，在 0.01MPa/m 的压力梯度下边界流体厚度占内径比例为 60%。在岩心驱替实验中，将岩心等效成大量以平均毛细管半径为半径的毛细管的集合，则可以根据式 (2.22) 得到随着流量变化边界流体厚度的变化幅度，单根毛细管流量可由式 (2.23) 近似计算：

$$Q_s = \frac{Q}{N} = \frac{Q\pi R^4}{8kA} \tag{2.23}$$

式中，Q 为驱替实验中岩心流量，cm^3/s；N 为岩心内等效毛细管数；k 为岩心液测绝对渗透率，μm^2；A 为岩心截面积，cm^2。

边界流体厚度可由式 (2.24) 计算：

$$h = \gamma \left[R - \left(\frac{Q\mu_1 L R^4}{kA(P_1 - P_2)} \right)^{0.25} \right] \tag{2.24}$$

式中，γ 为边界流体厚度系数，与实验岩心均一度及测量精度有关，无量纲。

可见直接计算单根毛细管流量及边界流体厚度误差较大，但是边界流体厚度随驱替流量变化之比却可以精确求得，则驱替实验的岩心内某一时刻的边界流体厚度 h_i 可由下式计算：

$$h_i = h_0 \frac{R - \left(\dfrac{\mu_1 L Q_i R^4}{kA\Delta P_i} \right)^{0.25}}{R_0 - \left(\dfrac{8\mu_0 L_0 Q_0}{\pi \Delta P_0} \right)^{0.25}} \tag{2.25}$$

式中，h_0 为微管实验中的边界流体厚度，μm；Q_i 为驱替实验中某一时刻的流量，cm^3/s；Q_0 为微管实验中的流量，cm^3/s；ΔP_i 为驱替实验中某一时刻岩心两端的压差，mPa；ΔP_0 为微管实验中两端的压差，mPa；μ_0 为微管实验中流体的体相黏度，mPa·s；R_0 为微管实验中微管半径，μm；L_0 为微管实验中微管长度，cm。

边界流体厚度不是固定值，其与孔喉半径、流体性质及实验条件等有关，最小厚度为 0.05～1μm。边界流体厚度与岩石渗透率有关，李海波[33]通过对 49 块岩心进行实验，得出渗透率越低，束缚水膜厚度与岩石喉道半径之比越大，岩石有效渗流喉道越小。

孔道的平均毛细管半径可以由压汞法精确求得，或者用式 (2.26) 转换得到近似值：

$$R = \sqrt{8k / \phi} \tag{2.26}$$

式中，ϕ 为岩心孔隙度，%。

显然，如何求取孔道边界流体黏度 μ_2 是获取原位黏度的关键。核磁共振由于反映的是原子核受力情况，因而可以用于测量黏度，在大空间中，黏度与核磁共振 T_2 谱有以下关系：

$$\mu_1 \propto \frac{1}{T_{2B}} \qquad (2.27)$$

式中，T_{2B} 为核磁共振弛豫时间。

以上结论在 1994 年由 Morriss 等通过大量核磁实验得以验证，当测试样品黏度逐渐增大时，长弛豫组分逐渐减少，短弛豫组分逐渐增加[34]。原油体相黏度与核磁弛豫时间成反比，原因就是随着黏度增加，流体分子间作用力增强，受到外加磁场影响后恢复的速度更快，进而弛豫时间变短。孔隙内流体赋存空间对应的尺度及弛豫时间可由图 2.6 直观看出。孔道内部不同流体类似于不同孔径的孔隙中的流体，原位黏度从体相流体到不可动边界流体逐渐升高，磁化强度衰减速度变快，弛豫时间逐渐变短，在 T_2 谱上的分布逐渐向左移动。

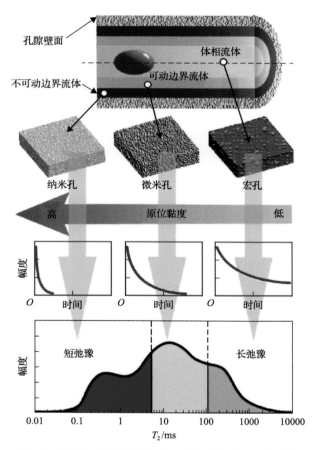

图 2.6　孔隙内流体赋存空间对应的尺度以及弛豫时间

致密储层的小孔隙中由于原油和壁面强大的分子作用力，原油原位黏度成百上千倍地提高。将致密岩心饱和轻质油 T_2 谱与高孔渗岩心饱和稠油后的核磁谱图对比，可以发现纳米级孔隙中饱和低黏度原油和稠油的 T_2 谱非常接近。高渗稠油油藏饱和油水后，油水峰区分明显，油峰在左侧约 5ms 以下的部分。致密油储层左峰代表边界流体，这部分

T_2 截止值以下的流体也由于与壁面间分子间作用力很强，黏度升高。显然，二者都是控制着左侧的核磁信号。从核磁原理入手解释以上现象，可以看出二者实质上是统一的，核磁共振实质上是反映含氢质子的受力情况。几毫帕·秒黏度的油，在富含微纳米级孔道的致密岩心中，部分黏度变为类似稠油的性质，就是因为边界流体含量巨大，所以边界流体黏度不可忽略。因此，可以用稠油在中高孔渗岩心中的核磁测算黏度公式来计算致密油藏中边界流体的黏度。对于稠油在中高孔渗岩心中核磁测算黏度公式早已有学者进行研究，边界流体黏度 μ_2 的核磁计算表达式如下：

$$AI = \frac{\text{Amplitude}}{\text{Mass}} \tag{2.28}$$

$$RHI = \frac{AI_{油}}{AI_{水}} \tag{2.29}$$

$$\mu_2 = \frac{1.15}{RHI^{4.55} T_{2cgm}} \tag{2.30}$$

式中，AI 为某种流体的核磁振幅指数（amplitude index），g^{-1}；$AI_{油}$ 为油的核磁振幅指数；$AI_{水}$ 为水的核磁振幅指数；Amplitude 为流体测试核磁共振的振幅，无量纲；Mass 为测试核磁的流体质量，g；RHI 为两相流体的相对含氢指数（relative hydrogen index），无量纲；T_{2cgm} 为中高渗透岩心中稠油的 T_2 弛豫时间分布的几何平均值，s，对应到致密岩心中为可动流体 T_2 截止值以下部分 T_2 弛豫时间分布的几何平均值。岩心的可动流体 T_2 截止值可由离心标定法获取。

这样流体原位黏度公式［式（2.21）］中所有的变量都有了获取方法，可以通过黏度计、高压压汞、核磁共振等仪器联合测得致密多孔介质内部单相流体的原位黏度。因此，致密多孔介质中单相流体的原位黏度表达式为

$$\mu_i = \left\{ \mu_1 \left[\frac{1.15}{\left(\frac{AI_{油}}{AI_{水}}\right)^{4.55} T_{2cgm}} \right] R^4 \right\} \Bigg/ \left\{ -2\mu_1 R^2 \left[R - h_0 \left(\frac{R - \left(\frac{\mu_1 L Q_i R^4}{kA\Delta P_i}\right)^{0.25}}{R_0 - \left(\frac{8\mu_0 L_0 Q_0}{\pi \Delta P_0}\right)^{0.25}} \right) \right]^2 \right.$$

$$\left. + \left[\mu_1 + \frac{1.15}{\left(\frac{AI_{油}}{AI_{水}}\right)^{4.55} T_{2cgm}} \right] \left[R - h_0 \left(\frac{R - \left(\frac{\mu_1 L Q_i R^4}{kA\Delta P_i}\right)^{0.25}}{R_0 - \left(\frac{8\mu_0 L_0 Q_0}{\pi \Delta P_0}\right)^{0.25}} \right) \right]^4 + \mu_1 R^4 \right\} \tag{2.31}$$

油田开发过程中，地下渗流多为油水两相渗流，计算油水两相的原位黏度考虑以下两种情况。

第一种情况，孔道已处于注入介质波及区内部。此时孔道内体相流体已基本被注入介质驱替，体相黏度应改为注入介质的体相黏度。则相应的波及区内流体原位黏度计算式为

$$
\mu_i = \left\{ \mu_{w1} \left[\frac{1.15}{\left(\dfrac{\mathrm{AI}_{油}}{\mathrm{AI}_{水}} \right)^{4.55} T_{2\mathrm{cgm}}} \right] R^4 \right\} \middle/ \left\{ -2\mu_{w1}R^2 \left[R - h_0 \left(\frac{R - \left(\dfrac{\mu_{w1}LQ_iR^4}{kA\Delta P_i} \right)^{0.25}}{R_0 - \left(\dfrac{8\mu_0 L_0 Q_0}{\pi \Delta P_0} \right)^{0.25}} \right) \right]^2 \right.
$$

$$
\left. + \left[\mu_{w1} + \frac{1.15}{\left(\dfrac{\mathrm{AI}_{油}}{\mathrm{AI}_{水}} \right)^{4.55} T_{2\mathrm{cgm}}} \right] \left[R - h_0 \left(\frac{R - \left(\dfrac{\mu_{w1}LQ_iR^4}{kA\Delta P_i} \right)^{0.25}}{R_0 - \left(\dfrac{8\mu_0 L_0 Q_0}{\pi \Delta P_0} \right)^{0.25}} \right) \right]^4 + \mu_{w1}R^4 \right\} \tag{2.32}
$$

式中，μ_{w1} 为注入介质的体相黏度，mPa·s。

第二种情况，孔道处于注入介质的波及前缘。此时孔道内体相流体混合着两相流体，处于不稳定状态，难以测算其混合黏度，由于此模型针对的是致密储层，其原油体相黏度平均在 $1\sim5$mPa·s 变化，与注入介质黏度差距较小，本书研究中做相加取平均处理。则相应的波及区前缘流体原位黏度计算式为

$$
\mu_i = \left\{ \left(\frac{\mu_{w1} + \mu_{o1}}{2} \right) \left[\frac{1.15}{\left(\dfrac{\mathrm{AI}_{油}}{\mathrm{AI}_{水}} \right)^{4.55} T_{2\mathrm{cgm}}} \right] R^4 \right\} \middle/ \left\{ \left(\frac{\mu_{w1} + \mu_{o1}}{2} \right) R^4 \right.
$$

$$
+ \left[\left(\frac{\mu_{w1} + \mu_{o1}}{2} \right) + \frac{1.15}{\left(\dfrac{\mathrm{AI}_{油}}{\mathrm{AI}_{水}} \right)^{4.55} T_{2\mathrm{cgm}}} \right] \left[R - h_0 \left(\frac{R - \left(\dfrac{(\mu_{w1} + \mu_{o1})LQ_iR^4}{2kA\Delta P_i} \right)^{0.25}}{R_0 - \left(\dfrac{8\mu_0 L_0 Q_0}{\pi \Delta P_0} \right)^{0.25}} \right) \right]^4 \tag{2.33}
$$

$$
\left. -2\left(\frac{\mu_{w1} + \mu_{o1}}{2} \right) R^2 \left[R - h_0 \left(\frac{R - \left(\dfrac{(\mu_{w1} + \mu_{o1})LQ_iR^4}{2kA\Delta P_i} \right)^{0.25}}{R_0 - \left(\dfrac{8\mu_0 L_0 Q_0}{\pi \Delta P_0} \right)^{0.25}} \right) \right]^2 \right\}
$$

式中，μ_{o1} 为原油的体相黏度，mPa·s。

由于毛细管内径均匀，不存在岩心的非均质性，一束毛细管由于内径固定，能够较好地代替岩心用来印证原位黏度模型理论。下面通过极细的石英毛细管饱和流体测量核磁共振 T_2 谱实验，以及流变仪测试极低平板间隙下的黏度实验来确定多孔介质内部渗流流体的黏度特性。

3. 不同致密油区开发过程中的动态润湿性

本节对三个典型致密油区的岩心在线核磁驱替实验结果进行分析，计算岩心在开发过程中的动态润湿指数，并分析原始状态下及开采过程动态变化特征。

将三个典型油区的 6 块岩心水驱过程中的核磁数据进行分析，计算岩心的动态润湿指数，如图 2.7 所示。各岩心的润湿性改变如图 2.8 所示。在原始饱和油状态下，平均润湿指数为–0.095，多数岩心为中性润湿，长庆渗透率为 $0.4\times10^{-3}\mu m^2$ 的岩心与大庆渗透率为 $0.2\times10^{-3}\mu m^2$ 的岩心属于弱油湿。随着开发的进行，各岩心的润湿指数整体上都有所提升，整体上平均动态润湿指数为 0.092，依然在中性润湿范围内。平均润湿性改变指

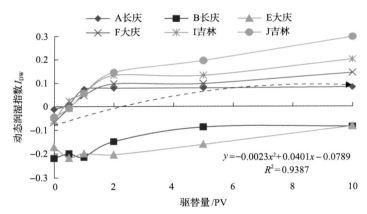

图 2.7　三个典型致密油区岩心在开发过程中的动态润湿指数

PV 数指孔隙体积的倍数

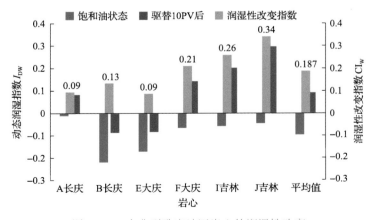

图 2.8　三个典型致密油区岩心的润湿性改变

数为 0.187，即各岩心随着开发的进行亲水性都有所增加。在开发过程中，在驱替量为 2PV 之前岩心的润湿性改变幅度较大，并有所波动；2PV 之后润湿性改变指数增加幅度较缓。吉林致密岩心在开发后的润湿性改变最大，驱替 10PV 后岩心润湿性由中性润湿性变为弱水湿。吉林致密油润湿性改变指数最大，大庆致密油润湿性改变指数次之，长庆致密油岩心的润湿性改变指数最低，说明长庆致密油岩心在开发后润湿性改变较小。在开发过程中，渗透率高的岩心润湿性改变指数比渗透率低的岩心要高，即随着储层渗透率的升高，致密岩心的润湿性更易受到开发过程的影响而发生改变。

2.1.3 原油赋存空间定量测试分析方法

将核磁共振、高速离心、低温氮吸附及常规油驱水等实验相结合，建立了致密储层原油赋存空间定量分析方法[35-38]。核磁共振实验利用 Reccore-04 型岩心核磁共振分析仪完成，气水高速离心实验利用 PC-18 型岩心离心机完成，低温吸附实验利用 Autosorb 6B 型低温吸附仪完成。气水高速离心及核磁共振、低温氮吸附实验步骤如下：①岩心准备。烘干，气测孔渗。②岩心饱和水状态核磁共振检测。对鄂尔多斯 15 块岩心抽真空并加压饱和模拟地层水，进行饱和水状态 T_2 谱检测。③岩心气驱水离心及核磁共振检测。对每块岩心进行 2.76MPa 离心力下的气驱水离心，离心后进行 T_2 谱检测。④岩心低温吸附实验。对 15 块离心岩心的平行样进行低温吸附分析，计算每块岩心 50nm 以下微孔分布等参数(低温吸附实验得到的岩心孔隙主要为 200nm 以下的微孔，经处理可获得 50nm 以下微孔分布)。

核磁共振油水饱和度三次测量实验方法参照石油天然气行业标准《岩样核磁共振参数实验室测量规范》(SY/T 6490—2014)，实验步骤和方法如下：①样品录取与保存。从 15 块密闭取心全直径岩心内部取样，取到后尽快开展实验。②第一次核磁共振测量。对初始岩样进行 T_2 谱检测。③样品饱和。用抽真空法对初始岩样饱和水，使岩样内充满水。④第二次核磁共振测量。对饱和状态岩样开展 T_2 谱检测。⑤第三次核磁共振测量。将岩样置于 $MnCl_2$ 水溶液中 72h(作用为去除水相核磁信号)，之后开展岩样油相 T_2 谱检测。

2.76MPa 离心力与岩石 50nm 喉道半径对应(图 2.9)，2.76MPa 离心后 T_2 谱束缚水包

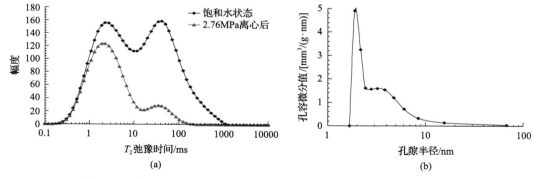

图 2.9 1 块岩心饱和水、2.76MPa 离心后 T_2 谱及低温吸附孔隙半径分布
岩心孔隙度为 10.57%；气测渗透率为 0.21mD (1D=0.986923×10⁻¹²m²)

括两部分：一部分为小于 50nm 喉道控制的束缚水(微毛细管束缚水)，一部分为大孔隙空间表面束缚水膜(水膜束缚水)。

依据核磁共振理论，T_2 弛豫时间与孔隙半径 r 有如下关系：

$$T_2 \frac{1}{\rho_2 F_S} r = \frac{r}{C} \tag{2.34}$$

式中，ρ_2 为弛豫率，其大小与岩石矿物组成、岩石表面性质等相关；F_S 为孔隙形状因子；C 为 T_2 和孔喉半径的转换系数。

利用岩心低温吸附实验结果，可计算获得岩心微孔隙分布、50nm 以下微孔隙百分数等参数。低温吸附获得的 50nm 以下微孔隙分布与岩心 2.76MPa 离心力后(对应 50nm 喉道)微毛细管束缚水 T_2 谱反映的孔喉分布一致。对比二者关系可获得岩心 T_2 与孔喉半径的转换系数 C。计算公式见式(2.35)和式(2.36)。

$$\frac{H_{Sw}(S_w - R_{ps})}{C} + \frac{R_A R_{ps}}{C} = T_{2gSw} S_w \tag{2.35}$$

$$C = \frac{H_{Sw}(S_w - R_{ps}) + R_A R_{ps}}{T_{2gSw} S_w} \tag{2.36}$$

式(2.35)～式(2.36)中，H_{Sw} 为束缚水膜厚度；S_w 为束缚水饱和度；R_{ps} 为微孔隙体积分数；R_A 为平均孔隙半径；T_{2gSw} 为束缚水 T_2 几何平均值。

利用岩心平行样，分别进行气水高速离心核磁分析及低温吸附实验，获得每块岩心总束缚水饱和度、岩石比表面积及微孔阵百分数等参数，综合各参数计算获得式(2.35)中的 H_{Sw}。式(2.35)中 H_{Sw} 取值为 15nm。

利用上述方法计算获得的 C 分布介于 2.01～9.40nm/ms，平均 5.80nm/ms。将 C 应用于油相 T_2 谱，可定量分析储层原油赋存空间。

对 15 块密闭取心岩心进行核磁油水饱和度测量，获得每块岩心油相 T_2 谱(图 2.10)。密闭取心岩心能很好地反映原始地层实际状况，岩心内油相分布能很好地反映原始地层原油赋存状态，利用 C，将每块岩心油相 T_2 谱转换为油相分布(图 2.11)。15 块岩心原油最小赋存孔隙半径介于 0.73～7.35nm，平均 3.56nm，原油最大赋存孔隙半径介于 363～8587nm，平均为 3195nm，原油平均赋存孔隙半径介于 50～316nm，平均 166nm，原油主流赋存孔隙半径介于 97～535nm，平均为 288nm。储层微米级孔隙含量较少，其赋存的原油量也较少，15 块岩心微米级孔隙赋存原油百分数介于 0%～11.59%，平均为 3.82%，亚微米级孔隙赋存原油百分数介于 12.85%～42.14%，平均为 28.58%，纳米级孔隙赋存原油百分数介于 7.02%～30.70%，平均为 18.78%。

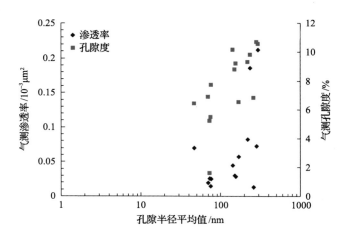

图 2.10　15 块岩心气测孔隙度、气测渗透率与孔隙半径比较

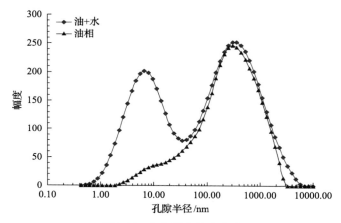

图 2.11　1 块岩心油水分布

2.2　超低渗透油藏储层特征

　　超低渗透油藏储层微观孔隙结构复杂多样,从纳米级到微米级都有分布,裂缝发育改善了储层渗流能力,但同时增加了储层非均质性。准确认识储层微观孔喉结构特征,是实现该类油藏有效开发的基础。

　　目前超低渗透油藏岩石孔隙结构研究手段主要有恒速压汞、高压压汞、低温氮吸附、核磁共振+高速离心和高精度 CT 等,每种方法都有各自的优点和不足(表 2.4)。利用这些实验手段,可对储层岩心微裂缝、微米级孔/缝、孔喉连通性等进行可视化研究,并对岩心不同尺度孔喉所占比例、孔喉发育特征、黏土类型及含量等进行定量研究。本节以我国典型超低渗透油藏岩心为研究对象,开展了微观孔隙结构特征研究。

2.2.1　超低渗透油藏孔喉特征

　　本节对超低渗透油藏的定义采用长庆油田标准,即低渗透油藏是渗透率介于 10～

50mD 的油藏；特低渗透油藏是渗透率介于 1~10mD 的油藏；超低渗透油藏是渗透率小于 1mD 的油藏。超低渗透油藏又分为 I 类油藏(0.5~1mD)、II 类油藏(0.3~0.5mD) 和 III 类油藏(小于 0.3mD)。

表 2.4　超低渗透油藏岩石微观孔隙结构研究方法

方法	测试范围	优点	不足
核磁共振 +高速离心	孔喉直径≥50nm	对岩心伤害小，可进行重复性对比实验	高速离心只能测试 50nm 以上孔喉，间接测试孔隙空间，不能进行可视化分析
恒速压汞	孔喉直径≥100nm	能区分孔道和喉道	只能测试亚微米级以上孔喉，进汞饱和度低
高压压汞	孔喉直径为 1.8nm~100μm	进汞压力高，测试范围大	易形成微裂隙，测试微小孔隙误差大
低温氮吸附	孔喉直径为 0.35~50nm	能准确测定纳米级孔隙体积	测试范围小
高精度 CT	孔喉直径≥400nm	裂缝和孔隙的可视化分析	样品要求高，代表性有局限，测试范围小

1. 不同渗透率储层孔喉特征

对不同渗透率储层岩心孔隙发育特征(图 2.12)进行对比：特低渗透储层孔隙较发育且连通性较好；超低渗透 I、II 类储层孔隙较发育，孔隙连通程度与渗透率呈正相关关系；超低渗透 III 类储层粒间孔发育少或不发育，渗透率越低，储层粒间孔连通性越差，胶结物间微孔隙或晶间孔发育，这类孔隙尺寸小且连通性差，虽有一定储集空间，但其内部的流体很难动用。

(a) 渗透率：1.55mD　　(b) 渗透率：0.32mD　　(c) 渗透率：0.016mD

图 2.12　不同渗透率岩心孔隙发育扫描电镜图片

依据李道品的喉道划分方案(半径大于 4μm 的喉道定义为粗喉道，半径为 2~4μm 的喉道定义为中喉道，半径为 1~2μm 的喉道定义为细喉道，半径为 0.5~1μm 的喉道定义为微细喉道，半径为 0.025~0.5μm 的喉道定义为微喉道，半径为小于 0.025μm 的喉道定义为吸附喉道)，对比了不同渗透率储层喉道分布特征(图 2.13)。特低渗透储层喉道分布范围宽，半径 2μm 以上的中-粗喉道占一定比例；随着渗透率降低，喉道分布范围逐渐变窄，较大喉道逐渐减小，小喉道逐渐增多，T_2 谱图随渗透率的减小而向左偏移；超低渗透 I、II 类储层含少量半径在 1μm 以上喉道，半径在 0.5~1μm 的微细喉道占比较高；超低渗透 III 类储层以半径在 1μm 以下喉道为主，喉道以微喉道和吸附喉道为主，且分布范围窄。

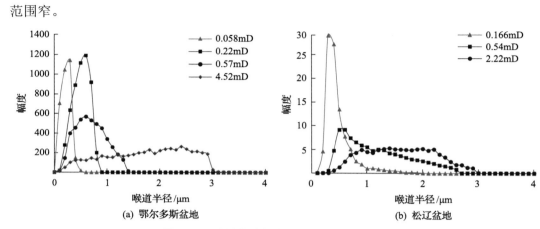

图 2.13　不同渗透率储层喉道分布谱图对比

高压压汞与常规压汞原理基本相同,其最大进汞压力可达到 350MPa,对应最小喉道约 2nm,基本可以覆盖岩石主要喉道。通过毛细管压力曲线,一方面可以分析储层孔隙结构类型、分选性等,另一方面还可以定量表征岩石喉道半径、喉道分选性及均质性、岩石储集性及渗透性、岩石流体可动用性、孔隙喉道弯曲迂回程度等大量储层特征。本节利用高压压汞技术,定量对比了不同渗透率储层微米、亚微米和纳米喉道比例(表 2.5)。特低渗透储层微米喉道比例约 30%,微米喉道是主要的渗流通道。超低渗透 I、II 类储层微米喉道含量较少,以亚微米喉道为主(比例约 60%),亚微米喉道是主要的渗流通道。超低渗透III类储层喉道整体较小,亚微米、纳米喉道居主流地位(纳米喉道比例大于 50%),且物性越差,微米、亚微米喉道比例越低,纳米喉道比例越高。

表 2.5　不同渗透率储层喉道分布对比

油区	储层类型	纳米喉道(喉道半径≤0.1μm)/%	亚微米喉道(0.1μm<喉道半径≤1μm)/%	微米喉道(喉道半径>1μm)/%	最大喉道/μm	主流喉道半径/μm
鄂尔多斯	特低渗透	28.78	41.12	30.10	5.60	1.65
	超低渗透 I、II 类	40.47	58.32	1.21	1.09	0.47
	超低渗透III类	62.22	37.55	0.23	0.41	0.20

表 2.6 给出了鄂尔多斯盆地超低渗透储层按渗透率统计的 15 块岩心的高压压汞实验结果。15 块岩心中大部分样品的最大进汞饱和度超过 80%,平均进汞饱和度为 92.18%,岩心主要喉道与孔隙都在测试范围内。从表 2.6 可以看出:0.1～0.3mD 岩心排驱压力平均为 0.79MPa,0.03～0.1mD 岩心排驱压力平均为 1.39MPa,0.01～0.03mD 岩心排驱压力平均为 2.87MPa。三个渗透率岩心主流喉道半径平均值分别为 0.44μm、0.18μm 和 0.14μm,渗透率越大,主流喉道半径越大。不同渗透率岩心最大进汞饱和度没有太大差异,均在 90% 左右,表明渗透率大于 0.01mD 时,高压压汞实验均能够达到较高进汞饱和度,能够测量出极微细的孔隙半径分布。

表 2.6　鄂尔多斯盆地超低渗透储层高压压汞实验结果(按渗透率统计)

渗透率区间/mD	孔隙度/%	渗透率/mD	排驱压力/MPa	最大喉道半径/μm	主流喉道半径/μm	分选系数	最大进汞饱和度/%	退汞效率/%
0.1~0.3	8.97	0.182	0.79	0.95	0.44	1.88	92.31	18.66
0.03~0.1	8.46	0.062	1.39	0.63	0.18	1.46	91.19	18.44
0.01~0.03	7.09	0.022	2.87	0.38	0.14	1.30	90.32	19.43

表 2.7 给出松辽盆地超低渗透储层按渗透率统计的岩心高压压汞实验结果。从表 2.7 中可看出：0.5~1.0mD、0.10~0.5mD 和小于 0.1mD 储层的最大喉道和平均喉道半径整体上均较小，三个储层最大喉道半径分别为 1.57μm、1.32μm 和 0.48μm，平均喉道半径分别为 0.40μm、0.28μm 和 0.14μm，渗透率小于 0.10mD 储层的最大喉道半径和平均喉道半径明显低于其他两个储层，开发难度大。分选系数表征喉道大小的均匀程度，该值越小，喉道大小越均匀，分选越好。由表 2.7 可知，分选系数和渗透率呈一定的正相关关系，说明渗透率越高，非均质性越强。渗透率级别高的储层，大孔喉孔隙空间增加，导致岩石非均质性增强，分选性变差。

表 2.7　松辽盆地超低渗透储层高压压汞实验结果(按渗透率统计)

渗透率区间	平均喉道半径/μm	最大喉道半径/μm	分选系数	均质系数
0.5~1.0	0.40	1.57	2.73	0.26
0.10~0.5	0.28	1.32	2.44	0.21
小于 0.10	0.14	0.48	2.02	0.29

2. 不同油区储层喉道特征

图 2.14 对比了主要超低渗透油区喉道发育特征,结合表 2.8 可知:①对于同一区块,主流喉道半径、平均喉道半径与渗透率在半对数坐标中具有较好的线性正相关关系,主流喉道半径、平均喉道半径随渗透率的增加而增加,表明喉道是控制渗流的主要因素;②不同油区不同渗透率所对应的主流喉道半径和平均喉道半径是不同的,在相同的渗透率下,长庆油区岩心所对应的主流喉道半径和平均喉道半径要高于大庆油区外围岩心所

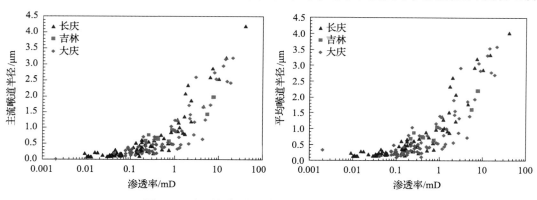

图 2.14　主要超低渗透油区喉道发育特征对比图

表 2.8　主要超低渗透油区喉道发育特征对比

长庆			大庆			吉林		
渗透率/mD	主流喉道半径/μm	平均喉道半径/μm	渗透率/mD	主流喉道半径/μm	平均喉道半径/μm	渗透率/mD	主流喉道半径/μm	平均喉道半径/μm
小于 0.3	0.28	0.31	小于 1	0.37	0.42	小于 0.4	0.47	0.54
0.3~0.5	0.47	0.49	1~2	0.80	0.90	0.4~1	0.73	0.81
0.5~1	0.54	0.60	2~5	1.32	1.47	1.0~4	1.44	1.62
1~10	1.64	1.81	5~10	2.67	2.98	4~10	1.99	2.12

对应的主流喉道半径和平均喉道半径,吉林油区岩心所对应的主流喉道半径和平均喉道半径介于大庆油区外围和长庆油区之间;③特低渗透储层主流喉道半径和平均喉道半径一般均高于 1μm,超低渗透储层主流喉道半径和平均喉道半径一般均低于 1μm。

恒速压汞技术不仅能够获得岩样的总毛细管压力曲线,还能够将喉道和孔隙分开,分别获得喉道和孔隙的毛细管压力曲线。通过恒速压汞检测,不仅能够得到常规压汞的一些检测结果如阈压喉道半径、中值喉道半径等,还能够分别获得喉道半径分布、孔隙半径分布、孔隙-喉道半径比分布等重要的微观孔隙结构特征参数,从而对岩石孔隙与喉道之间的配套发育程度进行分析。

将鄂尔多斯超低渗透油藏不同渗透率岩心孔喉配套发育特征进行比较:①喉道发育程度高低与渗透率之间具有较好的相关性,岩心渗透率较大时,有效喉道半径加权平均值、阈压喉道半径及单位体积岩样有效喉道体积均较大,有效喉道个数较多,因此岩心喉道发育程度较高,反之亦然;②特低渗透岩心有效喉道半径加权平均值、阈压喉道半径均明显大于其他三个级别超低渗透岩心,有效喉道个数也明显最多,因此特低渗透岩心的喉道发育程度要明显高于超低渗透岩心;③渗透率小于 0.3mD 的超低渗透Ⅲ类岩心,其有效喉道半径加权平均值、阈压喉道半径均明显小于其他三个级别岩心,有效喉道个数也明显最少,因此超低渗透Ⅲ类储层岩心的喉道发育程度在四个不同级别岩心中明显最低。

将鄂尔多斯盆地和松辽盆地超低渗透油藏岩心孔喉配套发育特征进行比较(表 2.9):渗透率相当条件下,松辽盆地储层平均喉道半径比鄂尔多斯盆地储层小。以 0.3~0.5mD 渗透率储层为例,松辽盆地超低渗透油藏岩心最大喉道半径为 0.90μm、平均喉道半径为 0.44μm;而鄂尔多斯盆地超低渗透油藏岩心最大喉道半径为 1.03μm、平均喉道半径为 0.57μm。

表 2.9　鄂尔多斯和松辽盆地储层孔喉配套发育特征对比(按渗透率统计)

区块	渗透率/mD	进汞饱和度/%	最大喉道半径/μm	平均喉道半径/μm	孔喉半径比	有效喉道个数/(个/cm³)
鄂尔多斯砂岩	大于 1	51.37	2.67	1.34	155	3195
	0.5~1	60.60	1.30	0.66	261	2331
	0.3~0.5	61.34	1.03	0.57	325	2130
	小于 0.3	39.03	0.47	0.31	654	1435
松辽盆地砂岩	大于 1		2.33	1.27		
	0.5~1		1.40	0.57		
	0.3~0.5		0.90	0.44		
	小于 0.3		0.35	0.20		

松辽盆地和鄂尔多斯盆地超低渗透储层岩心喉道半径分布对比见图 2.15。同等渗透率级别下，鄂尔多斯盆地(长庆)超低渗透储层较大孔喉分布区间更宽，更有利于流体流动，从此角度而言，鄂尔多斯盆地(长庆)超低渗透油藏喉道发育好于松辽盆地(大庆)。与灰岩相比，超低渗透砂岩孔喉分布谱图峰值更集中，分布跨度小，均质性更好(图 2.16)。

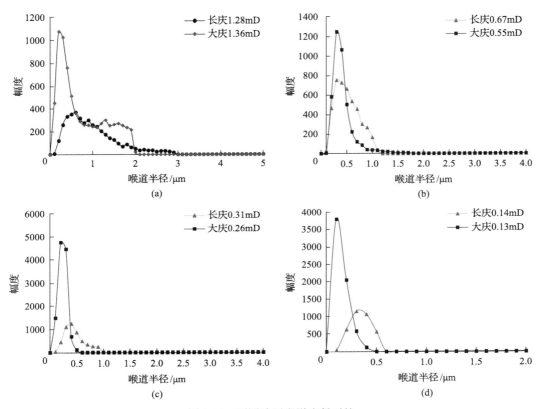

图 2.15　不同油区喉道半径对比

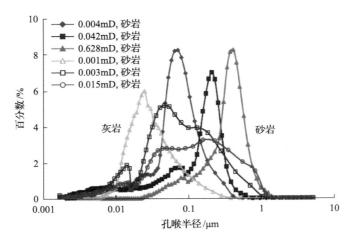

图 2.16　不同岩性岩样喉道分布谱图对比

对比了不同岩性的岩心受不同喉道控制的孔隙比例特征(图 2.17),不同渗透率岩心,纳米级喉道(<0.1μm)所控制的流体体积随渗透率减小而急剧增加,渗透率在 0.1mD 以下,小于 0.1μm 喉道控制了整个孔隙体积的 50%以上。随渗透率的降低,砂岩岩心微米级喉道比例逐渐减少,纳米级喉道比例逐渐增加,而灰岩岩心在渗透率降低到某一数值后,亚微米级喉道比例急剧减少,纳米级喉道比例急剧增加。

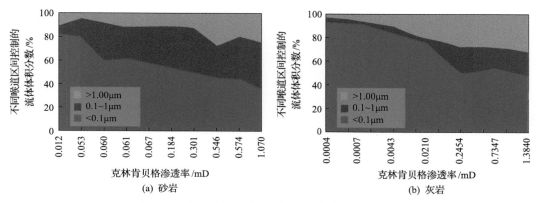

图 2.17　不同岩性岩心受不同喉道控制的孔隙比例

3. 不同油区超低渗透储层微孔喉发育特征

低温吸附技术是适合检测纳米级孔隙的特色技术,可有效获得岩石纳米级孔喉所占比例、孔径分布等特征参数,其所测岩石孔径最大值为 50~200nm。利用低温吸附技术,对超低渗透储层微孔隙发育特征进行研究。

吸附等温线形态反映了吸附质与吸附剂的作用方式,是对吸附现象及固体的表面与孔隙进行研究的基本数据,是比表面积与孔径分布等孔隙结构特征参数的计算基础。在进行吸附-脱附实验过程中,因孔隙形态差异,脱附曲线往往不能与吸附曲线重合,有迟滞环形成,迟滞环的形状是孔隙形态的外在反映。典型超低渗透岩心具有代表性的等温吸附曲线,如图 2.18 和图 2.19 所示。从图 2.18 和图 2.19 中可见,不同地区岩石孔隙特征具有共性,但又有较大差别,主要表现在以下几个方面:不同地区的超低渗透油砂岩孔隙形态均以平行板状孔为主,鄂尔多斯盆地和松辽盆地超低渗透孔隙形态较为单一,墨水瓶孔形态不明显。

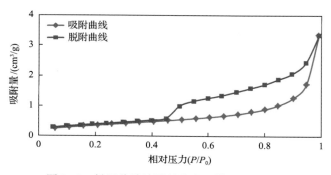

图 2.18　松辽盆地油区砂岩岩心等温吸附曲线

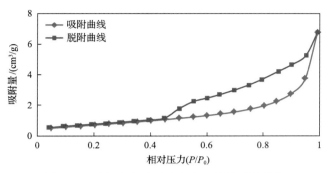

图 2.19　鄂尔多斯油区砂岩岩心等温吸附曲线

吸附量的多少直接表征了孔隙发育程度，等温吸附曲线的斜率变化规律可用于表征不同尺寸孔隙占全部孔隙的比例。从图 2.19 中可见，松辽盆地超低渗透储层的等温吸附曲线斜率变化缓慢且无突变，可知不同尺寸孔隙发育较为均匀，孔径分布图也得到类似结果（图 2.20），且整个目标区块的孔隙形态和孔隙发育程度差异较小，表明目标区块的均

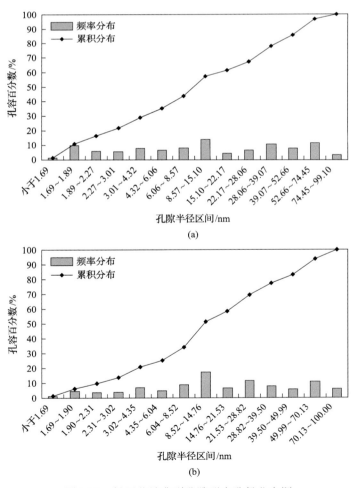

图 2.20　松辽盆地典型孔隙形态孔径分布图

质性较好；鄂尔多斯盆地超低渗透岩心之间的孔隙发育差异较大，孔隙空间最发育样品的孔隙度是最不发育样品的 2 倍，但不同岩心之间不同尺寸孔隙比例较一致(图 2.21)。对比两地区可见，松辽盆地超低渗透储层的微介孔隙高于鄂尔多斯盆地超低渗透储层。

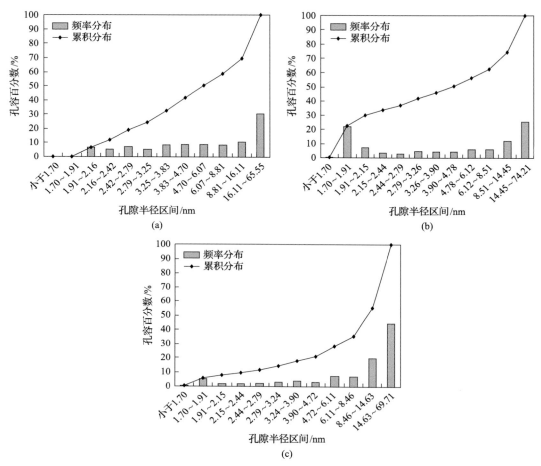

图 2.21　鄂尔多斯盆地典型孔隙形态孔径分布图

利用低温吸附分析结果，可以给出储层岩心比表面积(对应于所有孔隙)、孔容(半径 0.35～100nm 孔隙的体积)、平均孔隙半径(半径 0.35～100nm 孔隙的半径平均值)、孔隙率(半径 0.35～100nm 孔隙占岩心总孔隙体积的百分比)和孔隙百分数(半径 0.35～100nm 孔隙占岩心总孔隙的百分比)等参数，来对岩样的纳米级孔隙特征进行定量分析。当孔容和平均孔隙半径较大，比表面积、孔隙率和孔隙百分数较小时，岩样的纳米级孔隙含量就较少，纳米级孔隙发育程度较低，反之，纳米级孔隙发育程度较高。

超低渗透储层微孔隙(此处微孔隙指低温吸附实验测试获得的 200nm 以下孔隙)所占比例较大，储层微孔隙百分数与渗透率及孔隙度之间都有较好的相关性(图 2.22)，储层孔隙度和渗透率越小、物性越差，微孔隙所占比例越大；鄂尔多斯盆地(长庆)和松辽盆地(大庆)超低渗透储层微孔隙百分数大多介于 20%～50%，鄂尔多斯盆地超低渗透岩心渗透率分布范围较宽，微孔隙百分数分布范围也较宽，表明其储层非均质性较强。微孔隙内流体流动能力相对较差，其大量存在降低了储层整体渗流能力。

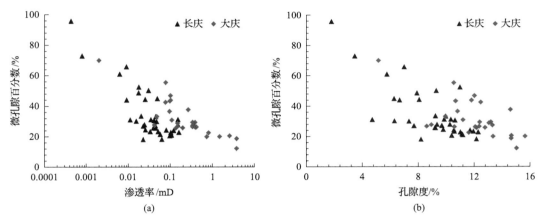

图 2.22　微孔隙百分数与渗透率及孔隙度比较

对鄂尔多斯盆地 36 块超低渗透储层岩心、松辽盆地 15 块超低渗透储层岩心，按地区岩性进行纳米级孔隙含量分析统计，结果如表 2.10 所示。从表 2.10 中可以看到：在这两个区块储层中，松辽盆地储层岩心比表面积大于鄂尔多斯盆地储层岩心。若储层孔隙度相当，微孔隙越多，则比表面积越大。松辽盆地储层孔容大于鄂尔多斯盆地储层，平均孔隙半径小于鄂尔多斯盆地储层。松辽盆地和鄂尔多斯盆地超低渗透储层纳米级孔隙孔隙率较高，纳米级孔隙的孔隙度分别为 2.82%和 2.96%，纳米级孔隙占岩心总孔隙的百分数分别为 35.15%和 24.02%。

表 2.10　低温吸附结果(按地区统计)

地区岩性	岩心数	孔隙度/%	渗透率/mD	低温吸附实验结果				
				比表面积/(m²/g)	孔容/(mm³/g)	平均孔隙半径/nm	孔隙率/%	纳米孔隙占总孔隙百分数/%
鄂尔多斯盆地砂岩	36	8.94	0.050	3.00	11.63	17.21	2.82	35.15
松辽盆地砂岩	15	12.61	1.04	3.25	12.78	13.62	2.96	24.02

将鄂尔多斯盆地超低渗透储层低温吸附结果分别按渗透率进行统计，结果如表 2.11 所示。从表 2.11 中可以看出：鄂尔多斯盆地超低渗透储层纳米级孔隙发育程度与渗透率

表 2.11　鄂尔多斯盆地 36 块岩心低温吸附结果(按渗透率统计)

渗透率/mD	岩心个数	孔隙度/%	渗透率/mD	低温吸附实验结果平均值				
				比表面积/(m²/g)	孔容/(mm³/g)	平均孔隙半径/nm	孔隙率/%	纳米孔隙占总孔隙百分数/%
0.1~1	6	11.14	0.13	2.94	11.70	16.46	2.77	24.99
0.03~0.1	15	9.88	0.051	2.87	11.46	18.40	2.75	28.71
0.02~0.03	10	8.23	0.020	2.89	11.58	17.04	2.83	33.83
小于 0.01	5	4.93	0.0051	3.71	12.14	14.87	3.08	69.35

之间具有较好的相关性,渗透率较大时,平均孔隙半径整体较大,而比表面积、孔容和孔隙率整体均较小,储层纳米级孔隙发育程度较低;渗透率较小时,平均孔隙半径较小,而比表面积、孔容和孔隙率均较大,储层纳米级孔隙发育程度较高。

2.2.2 储层黏土矿物类型及含量分析

鄂尔多斯盆地超低渗透岩心 X 射线衍射实验全岩定量分析结果、黏土矿物相对含量和黏土矿物绝对含量按渗透率区间的分类统计表见表 2.12～表 2.14。从表中可以看出:①目标超低渗透储层岩石矿物中石英含量最高(分布范围为 44%～52%,平均值为 48%),斜长石含量次之(分布范围为 18%～24%,平均值为 22%),再次为黏土矿物含量(黏土总量分布范围为 16%～18%,平均值为 17%),其余矿物如钾长石、方解石、白云石及普通辉石等的含量都很低(平均值均小于 8%);②黏土矿物以伊/蒙混层、绿泥石和伊利石为主,三种黏土矿物相对含量的平均值分别为 35%、34.75% 和 29.75%,绝对含量的平均值分别为 5.86%、5.82% 和 4.89%,而高岭石含量很低(相对含量平均值仅为 0.75%,绝对含量平均值仅为 0.12%)。超低渗透 I 类、II 类、III 类储层岩心内的岩石矿物组分相差不大,黏土总量也相差不大,但小于 0.1mD 区间岩心内的伊/蒙混层及伊利石相对含量要略高于大于 0.1mD 区间岩心,绿泥石相对含量则略低于大于 0.1mD 区间岩心。总而言之,鄂尔多斯盆地超低渗透油藏黏土含量较高,黏土总量占岩石矿物组成的 16%～18%,且储层渗透率越低,水敏矿物如伊利石和伊/蒙混层含量越高,其对储层水相渗透率影响越大。

表 2.12 鄂尔多斯盆地 X 射线衍射 32 块岩心全岩定量分析结果(按渗透率统计)

渗透率/mD	岩心个数	黏土总量/%	石英/%	钾长石/%	斜长石/%	方解石/%	白云石/%	普通辉石/%
大于 1	4	16	46	10	24	1	1	1
0.3～1	3	17	48	9	23	2	1	0
0.1～0.3	11	18	44	6	24	1	6	1
小于 0.1	14	16	52	5	18	1	7	1

表 2.13 鄂尔多斯盆地 X 射线衍射 32 块岩心黏土矿物相对含量(按渗透率统计)

渗透率/mD	岩心个数	高岭石/%	绿泥石/%	伊利石/%	伊/蒙混层/%	混层比/%
大于 1	4	2	38	25	35	21
0.3～1	3	0	38	30	32	22
0.1～0.3	11	1	36	29	34	21
小于 0.1	14	0	27	35	38	18

表 2.14 鄂尔多斯 X 射线衍射 32 块岩心黏土矿物绝对含量(按渗透率统计)

渗透率/mD	岩心个数	高岭/%	绿泥石/%	伊利石/%	伊/蒙混层/%	混层比/%
大于 1	4	0.37	6.19	3.92	5.52	21.25
0.3～1	3	0	6.17	5.26	5.57	21.67
0.1～0.3	11	0.11	6.54	5.14	6.48	20.91
小于 0.1	14	0	4.37	5.25	5.88	18.21

鄂尔多斯盆地特低渗透岩心通常以绿泥石为主要胶结物,分布粒表居多,常见包覆

粒表呈薄膜状,粒间伊/蒙混层、伊利石次之[图 2.23(a)]。超低渗透 I 类、II 类储层岩心,通常以粒间粒表绿泥石、伊/蒙混层和伊利石为主要胶结物[图 2.23(b)]。超低渗透III类油藏多数岩心以粒间伊/蒙混层和伊利石为主要胶结物,少数岩心以绿泥石为主要胶结物[图 2.23(c)]。

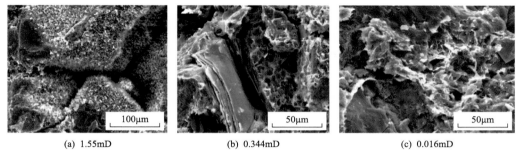

(a) 1.55mD　　　　　　　　(b) 0.344mD　　　　　　　　(c) 0.016mD

图 2.23　不同渗透率储层主要胶结物特征

特低渗透岩心的次生作用相对较弱,见少量石英加大、长石淋滤[图 2.24(a)]。随着岩心渗透率降低,次生作用增强,超低渗透岩心的次生作用相对较强,常见石英加大,部分呈加大式胶结,另外可见少量长石淋滤[图 2.24(c)]。次生矿物的发育减小了储层的储集空间和渗流通道。

(a) 1.32mD　　　　　　　　(b) 0.150mD　　　　　　　　(c) 0.041mD

图 2.24　不同渗透率储层次生作用特征

2.2.3　储层微裂缝和“微米级孔缝”发育特征

CT 图像亮度反映岩石密度,图像越亮表示岩石越致密,图像越暗表示岩石越疏松。由于含裂缝的岩石密度与不含裂缝的岩石密度通常有较大差别,利用 CT 图像能够直观可视化地对岩石内部裂缝、微裂缝的发育特征进行可视化分析,超低渗透储层有一定量的微裂缝发育(图 2.25),微裂缝大大改善了储层渗流通道,同时增加了储层非均质性。

本节分别开展不同渗透率岩心纳米 CT 研究,对岩心孔隙结构进行三维可视化分析(图 2.26),对岩心内裂缝、孔隙和喉道进行定量提取,定量分析裂缝、孔隙和喉道的特征(表 2.15),对岩石的孔喉形态、孔喉之间的连通性及储层非均质性进行统计和分析(图 2.27)。从图 2.26 中可以看出,超低渗透岩心微米级孔隙比例远低于特低渗透储层,孔隙尺寸较小,连通性较差。表 2.15 给出 3 块岩心纳米 CT 微观孔隙结构特征参数,大于 1mD 的特低渗透储层岩心平均喉道半径和喉道总体积分别为 $1.36\mu m$ 和 $2.89\times10^6\mu m^3$,远远高于 1mD 以下的超低渗透储层岩心,其中 0.15mD 岩心平均喉道半径和喉道总体积分别为 0.78μm 和 $0.25 \times 10^6 μm^3$；0.82mD 岩心平均喉道半径和喉道总体积分别为 0.71μm 和 $1.34 \times 10^6 μm^3$。从图 2.26 可看出，特低渗透储层岩心局部发育连通性较好的大喉道，有利于流体流动；超低渗透储层岩心喉道尺寸较小，连通性较差，不利于流体流动。

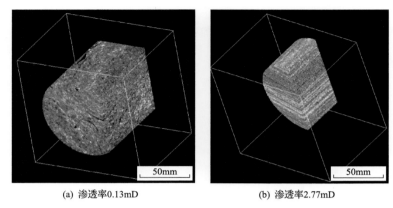

(a) 渗透率0.13mD　　　　　　　　(b) 渗透率2.77mD

图 2.25　鄂尔多斯盆地 2 块岩心微裂缝发育特征(CT 图像)

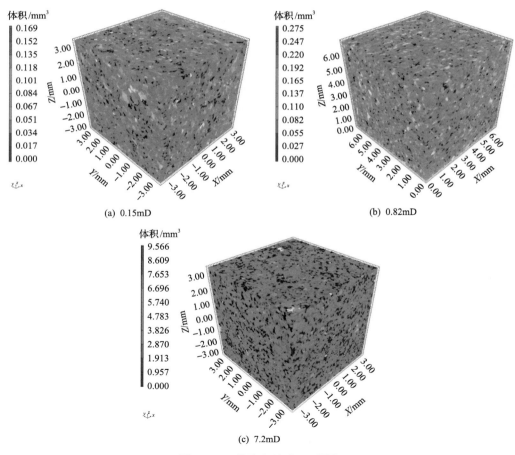

(a) 0.15mD　　　　　　　　(b) 0.82mD

(c) 7.2mD

图 2.26　3 块岩心纳米 CT 图像

X-模型长度；*Y*-模型宽度；*Z*-模型高度

表 2.15　3 块岩心纳米 CT 微观孔隙结构特征参数分析结果

序号	渗透率 /mD	气测孔隙度 /%	CT 孔隙率 /%	喉道个数 /万个	平均喉道半径 /μm	平均喉道长度 /μm	喉道总体积 /10^6μm³
1	0.15	10.5	3.77	0.121	0.78	12.96	0.25
2	0.82	10.38	2.59	0.241	0.71	11.35	1.34
3	7.2	13.8	8.64	0.247	1.36	16.21	2.89

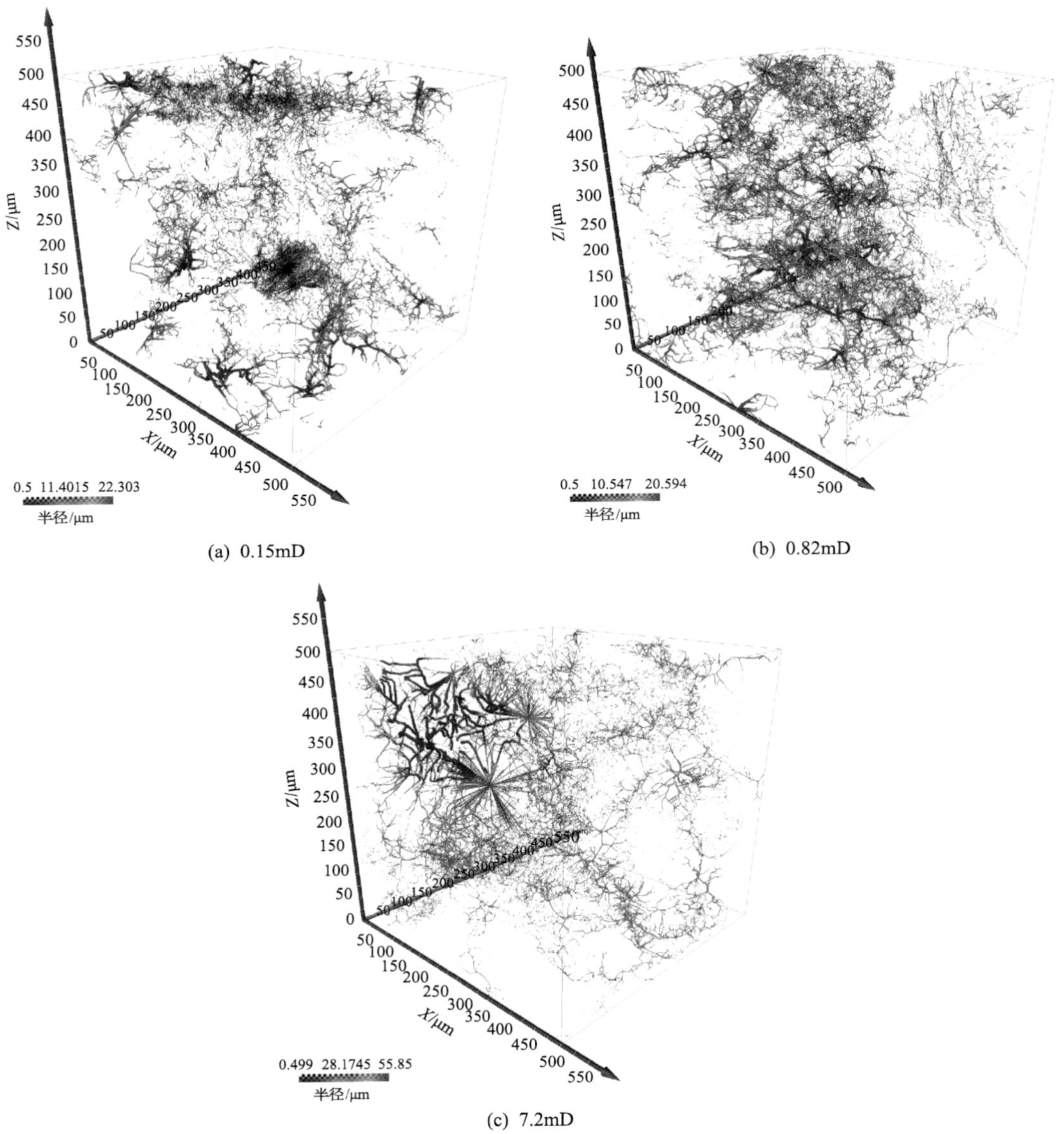

(a) 0.15mD

(b) 0.82mD

(c) 7.2mD

图 2.27　3 块岩心纳米 CT 孔喉形态、孔喉之间的连通性及储层非均质性分析

参 考 文 献

[1] 王明磊, 张遂安, 张福东, 等. 鄂尔多斯盆地延长组长 7 段致密油微观赋存形式定量研究[J]. 石油勘探与开发, 2015, (6): 757-762.

[2] 牛小兵, 冯胜斌, 刘飞, 等. 低渗透致密砂岩储层中石油微观赋存状态与油源关系——以鄂尔多斯盆地三叠系延长组为例[J]. 石油与天然气地质, 2013, 3: 288-293.

[3] 冯胜斌, 牛小兵, 刘飞, 等. 鄂尔多斯盆地长 7 致密油储层储集空间特征及其意义[J]. 中南大学学报(自然科学版), 2013, 11: 4574-4580.

[4] Dunn K J, Latorraca G A, Warner J L, et al. On the Calculation and Interpretation of NMR relaxation Time Distributions[C]. SPE Annual Technical Conference and Exhibition, New Orleans, 1994.

[5] Agut R, Levallois B, Klopf W. Integrating core measurements and NMR logs in complex lithology[C]. SPE Annual Technical Conference and Exhibition, Dallas, 2000.

[6] Hassoun T H, Zainalabedin K, Minh C C. Hydrocarbon detection in low-contrast resistivity pay zones, capillary pressure and ROS determination with NMR logging in Saudi arable[C]. Middle East Oil Show and Conference, Bahrain, 1997.

[7] Logan D, Morriss C, Williams R. Comparison of nuclear magnetic resonance techniques in the Delaware[C]. SPE Annual Technical Conference and Exhibition, Dallas, 1995.

[8] Dastidar R, Rai C, Sondergeld C. Integrating NMR with other petrophysical information to characterize a turbidite reservoir[C]. SPE Annual Technical Conference and Exhibition, Houston, 2004.

[9] Henry A O, Ajufo A, Curby F M. A hydraulic unit based model for the determination of petrophysical properties from NMR relaxation measurements[C]. SPE Annual Technical Conference and Exhibition, Dallas, 1995.

[10] Ohen H A, Ajufo A O, Enware P M. Laboratory NMR relaxation measurements for the acquisition of calibration data for NMR logging tools[C]. SPE Western Regional Meeting, Anchorage, 1996.

[11] 吴志宏, 牟伯中, 王修林, 等. 油藏润湿性及其测定方法[J]. 油田化学, 2001, 18(1): 90-96.

[12] 孙军昌, 杨正明, 刘学伟, 等. 核磁共振技术在油气储层润湿性评价中的应用综述[J]. 科技导报, 2012, 30(27): 65-71.

[13] 赵丽翠. 低渗透储层润湿性测量方法研究进展[J]. 石油化工应用, 2017, 36(8): 1-6.

[14] Nakae H, Inui R, Hirata Y, et al. Effects of surface roughness on wettability[J]. Acta Mater, 1998, 46(7): 2313-2318.

[15] 佳布 D, 唐纳森 E C. 油层物理[M]. 沈平平, 秦积舜, 译. 北京: 石油工业出版社, 2007.

[16] Amott E. Observations relating to the wettability of porous rock[J]. Tranactions of Aime, 1958, 216(12): 156-162.

[17] Boneau D F, Clampitt R L. A surfactant system for the oil-wet sandstone of the North Burbank Unit[J]. Journal of Petroleum Technology, 1977, 29(5): 501-506.

[18] Donaldson E C, Thomas R D, Lorenz P B. Wettability determination and its effect on recovery efficiency[J]. Society of Petroleum Engineers Journal, 1969, 9(1): 13-20.

[19] Sharma M M, Wunderlich R W. The alteration of rock properties due to interactions with drilling-fluid components[J]. Journal of Petroleum Science and Engineering, 1987, 1(2): 127-143.

[20] Yang Z M, Ma Z Z, Luo Y T, et al. A measured method for in situ viscosity of fluid in porous media by nuclear magnetic resonance[J]. Geofluids, 2018, 9542152.

[21] 黄延章. 低渗透油层渗流机理[M]. 北京: 石油工业出版社, 1998.

[22] Huang Y Z, Yang Z M, He Y, et al. An overview on nonlinear porous flow in low permeability porous Media[J]. 力学快报: 英文版, 2013, (2): 1-8.

[23] Hirasaki G J, Lawson J B. Mechanisms of foam flow in porous media: apparent viscosity in smooth capillaries[J]. Society of Petroleum Engineers Journal, 1985, 25(2): 176-190.

[24] Barr G. A Monograph of Viscometry[M]. London: Oxford University Press, 1931.

[25] Israelachvili J N. Measurement of the viscosity of liquids in very thin films[J]. Journal of Colloid and Interface Science, 1986, 110(1): 263-271.

[26] Mordasov M M, Savenkov A P. Contactless methods for measuring liquid viscosity[J]. Inorganic Materials, 50(15): 1435-1443.

[27] Freitas S V D, Segovia J, Carmen M, et al. Measurement and prediction of high-pressure viscosities of biodiesel fuels[J]. Fuel, 2014, 122: 223-228.

[28] Brown R J S. Proton relaxation in crude oils[J]. Nature, 1961, 189(4762): 387-388.

[29] Wand A J, Flynn E P F. High-resolution NMR of encapsulated proteins dissolved in low-viscosity fluids[J]. Proceedings of the National Academy of Sciences of the United States of America, 1998, 95(26): 15299-15302.

[30] Muhammad A, Azeredo R B D V. 1H NMR spectroscopy and low-field relaxometry for predicting viscosity and API gravity of Brazilian crude oils-A comparative study[J]. Fuel, 2014, 130: 126-134.

[31] Korb J P, Vorapalawut N, Nicot B, et al. Relation and correlation between NMR relaxation times, diffusion coefficients and viscosity of heavy crude oils[J]. The Journal of Physical Chemistry C, 2015, 119: 24439-24446.

[32] Jones M, Taylor S E. NMR relaxometry and diffusometry in characterizing structural, interfacial and colloidal properties of Heavy oils and oil sands[J]. Advances in Colloid and Interface Science, 2015, 224: 33-45.

[33] 李海波. 致密油储层原油赋存特征及可动用性研究—以鄂尔多斯盆地长 7 和四川盆地侏罗系为例[D]. 廊坊: 中国科学院渗流流体力学研究所, 2016.

[34] Morriss C E, Freedman R, Straley C, et al. Hydrocarbon saturation and viscosity estimation from NMR logging in the Belridge Diatomite[J]. Log Analyst, 1994, 38(2): 44-59.

[35] 张仲宏, 杨正明, 刘先贵, 等. 低渗透油藏储层分级评价方法及应用[J]. 石油学报, 2012, 33(3): 437-441.

[36] 姜鹏, 郭和坤, 李海波, 等. 低渗透率砂岩可动流体 T_2 截止值实验研究[J]. 测井技术, 2010, 34(4): 327-330.

[37] 李海波, 郭和坤, 王学武, 等. 岩心润湿性对核磁共振可动流体 T_2 截止值的影响[J]. 西安石油大学学报自然科学版, 2015, 30(5): 43-47.

[38] 杨正明, 骆雨田, 何英, 等. 致密砂岩油藏流体赋存特征及有效动用研究[J]. 西南石油大学学报自然科学版, 2015, (3): 85-92.

[39] 李道品. 低渗透砂岩油田开发[M]. 北京: 石油工业出版社, 1997.

第 3 章　超低渗透油藏数字岩心研究与应用

3.1　概　　述

数字岩心技术是以数字岩石物理学为理论基础，以岩心三维微观结构为平台，在此平台上通过图像分析与数值模拟，从而获得岩心物理性质和岩心内流体流动特征的研究方法[1-10]。随着开发水平的提高，油藏渗透率下限不断降低，储层孔喉细微，普遍发育"微米-纳米"尺度基质孔喉系统，常规的物理模拟实验难以准确刻画孔隙结构和模拟微纳米尺度多孔介质内的流动，数字岩心成为研究微纳米尺度多孔介质的一种重要方法。

3.1.1　数学岩心技术发展现状

数字岩心建模方法可分为两大类：物理实验方法和数值重建方法。物理实验方法是借助各种岩石物理实验设备进行三维数字岩心构建。根据岩石物理实验方式的不同，主要分为序列成像法[11-15]、聚焦扫描法[16]、核磁共振法[17]及 X 射线 CT 扫描法[18-26]四种。这类方法可以获取反映岩石真实孔隙结构特征的三维数字岩心，具有准确性高、样品无损、形象直观等优点，是构建三维数字岩心最常用的方法。数值重建方法是以岩石二维信息为基础借助各种不同的数学模拟算法来构建三维数字岩心的方法。根据算法的不同，主要分为随机法[27-36]和过程法[37-42]，不同的随机法选用不同的统计特性作为重建约束函数。该类方法具有数据易于获取、过程简单快速、结果适用性强等优点。但构建的数字岩心与真实岩心的孔隙结构有差别。

国内外大量学者的研究表明，数字岩心技术在中高渗透、低渗透砂岩及砂砾岩和碳酸盐岩等类型储层的应用已经相对成熟，但对于超低渗透-致密储层等复杂多孔介质，目前尚无针对性的建模方法。当前主要的措施是在超低渗透-致密岩石成像中采用各种高分辨率仪器(如纳米 CT)，但精度和尺度的矛盾降低了模型准确性。超低渗透-致密储层数字岩心由于缺少相对准确的建模方法，主要进行的是微米级孔隙中流动的数值模拟，没有开展在纳米级孔隙中的渗吸等模拟。"十三五"期间通过将纳米级和微米级图像有效耦合，解决了精度和尺度的矛盾，建立了超低渗透-致密岩心数字建模方法，在此基础上，进一步开展了渗吸模拟，并探索了超低渗透-低渗透油藏驱油机理。

3.1.2　3D 打印技术发展现状

数字岩心技术的发展为实现岩石内部结构演化及流体流动过程的可视化观测提供了强有力的工具，然而数值模拟结果的实验复现却一直是困扰研究人员的一项挑战性课题。

3D 打印技术的发展和应用实现了从数字模型到实体模型的精确、快速制备，为人造岩心的制作以及数字岩心模拟结果的实验验证提供了一种可靠、快速的室内实验替代方案。3D 打印技术的发展，为定量表征岩土体内部的复杂结构、介质内部应力变形及流体流动的可视化提供了一条新的研究途径。

3D 打印技术在多孔介质制备(岩土材料)应用中处于进一步探索阶段，数字模型的构建与处理、成型工艺和打印材料的优选、实体模型的后处理以及实验验证等还有很多的问题需要解决。"十三五"期间，基于三维数字超低渗透岩心模型，初步实现了具有天然岩石孔隙结构模型的打印(图 3.1)，开展了包括孔隙度测试、压汞实验、CT 扫描以及流动实验等以验证打印模型的准确度，并分析了影响模型成型质量的诸多影响因素，为后续致密油和页岩油等非常规油藏微纳米尺度多孔介质的物理模拟奠定了基础。

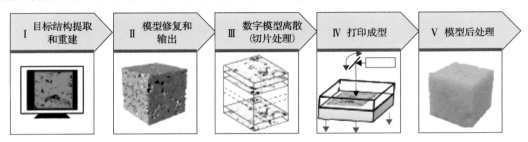

图 3.1　具有天然岩石孔隙结构特征的多孔介质 3D 打印

3.2　超低渗透储层岩心微尺度临界尺寸分析

利用数字岩心分析研究岩样时，需要同时考虑分辨率与岩样尺寸对于结果的影响。分辨率过低，会无法解析特征孔隙；分辨率过高，则会因为成像系统的限制，导致扫描结构过小，此时多孔介质的随机性占主导，得到的性质不具有代表性。而从成像、处理及模拟的成本出发，在满足代表性的前提下，分辨率尽量低是最好的。因此，从数字岩心分析的有效性出发，探讨研究分辨率与结构尺寸对于岩心特征的影响是必要的[43,44]。

研究采用岩样为超低渗透砂岩，扫描得到的结构尺寸大小为 $M=1000$，分辨率为 $\Delta=0.28$ 像素/μm。结构大小的改变通过在原始结构中截取更小的立方单元实现。图 3.2 展示了超低渗透砂岩三维结构；图 3.3 展示了数值更改结构尺寸(二维示意图)。分辨率的改变则通过图像处理中的粗化过程实现，首先利用双线性插值改变结构的网格数目，此时结构不再是二值的，因而需要进行二值分割，分割算法尽可能保持孔隙度接近原始结构孔隙度，最后，结构中连通孔隙被提取，为之后的渗流模拟做准备。图 3.4 展示了进行粗化之后结构在同一位置的二维切片。可以发现在分辨率发生变化之后，结构的形状发生了变化，同时连通性也发生了变化。

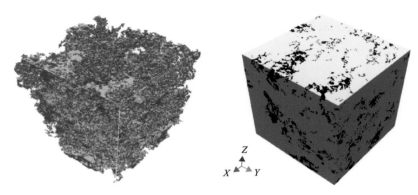

图 3.2　超低渗透砂岩三维结构

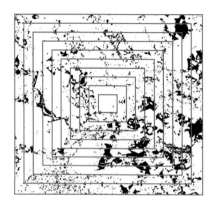

图 3.3　数值更改结构尺寸(二维示意图)

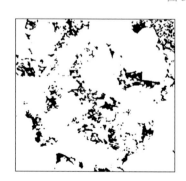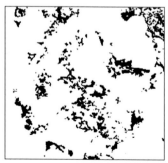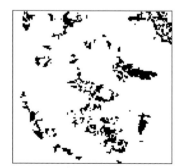

图 3.4　数值更改结构分辨率(二维示意图)

3.2.1　结构尺寸效应

　　为了说明结构粗化过程中二值化步骤的必要性，我们考察采用常规二值化分割得到的结果，连通孔隙度随分辨率的变化如图 3.5 所示。

　　从结果可以看出，随着分辨率比值减小，分辨率降低，体素尺寸变大，截断尺寸变大，此时有效孔隙度先增加后减小。这种现象的解释如下：连通孔隙的最小喉道尺寸为 1 个体素大小，当体素增大未至初始的 2 倍时，喉道仍能够被解析为 1 个体素大小，相

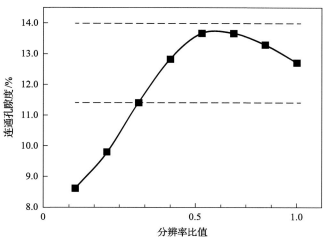

图 3.5　连通孔隙度随分辨率变化曲线

当于解析喉道的半径增大了。对于其余的喉道半径，也存在类似的分辨率带来的几何效应；整体的体现便是有效孔隙度呈现一定的上升趋势。而随着体素继续增大，越来越多的喉道不再能够被解析，这会导致孔隙度减小。但是此时更重要的是不被解析的喉道可能会导致连通性缺失，分辨率对于结构拓扑的影响会显著影响有效孔隙度。根据分辨率的两种效应，可以将分辨率的影响分为三个区间(图 3.6)：几何效应主导的区间、拓扑效应主导的区间及二者共同作用的区间。

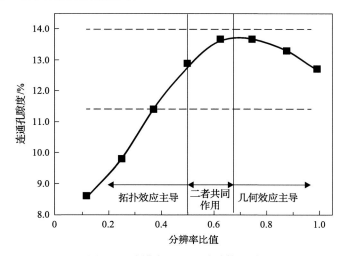

图 3.6　分辨率对于孔隙结构影响

　　分辨率导致了孔隙度的趋势性变化，其也会导致渗透率随着分辨率发生趋势性变化，进而得到渗透率会随着分辨率一致改变，从而带来错误认识。因此，在粗化过程中，二值化不是采用常规的分割算法，而是通过保持孔隙度一致进行的。我们测试了各种常规分割算法，得到孔隙度随分辨率均呈现趋势性的变化，这也说明了粗化过程需要更加细致地考察分割算法的影响。

3.2.2　临界分辨率

由于分辨率对于结构渗透率影响的研究较少，尚不知道是否会存在临界分辨率。因此，我们首先考察分辨率对结构渗透率的影响，结果见图3.7。其中结构大小为 $N=1000$，选用扫描得到的最大重构结构，以尽量保证结构 REV 的要求。

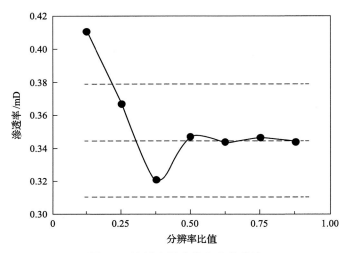

图 3.7　渗透率随分辨率变化曲线

从图 3.7 可以看出，随着分辨率的升高，渗透率出现先下降后上升最后稳定的变化趋势。而最终的稳定段说明了有效空间分辨截断尺寸是存在的，即当分辨率足够高时，解析结构的渗透率是一个稳定值。

若规定渗透率相差 10%以内的分辨率均有效，可以根据结果估计得到临界分辨率约为 1.57 像素/μm，此时的体素大小为 1.12μm。这说明，在应用数字岩心时，可以不用一直增大分辨率。只要分辨率达到这一临界分辨率，分辨率大小对于渗透率的影响就可以忽略不计了。

3.2.3　渗流 REV 尺寸

在原始分辨率下，截取不同尺寸部分得到的渗透率结果见图3.8。由图可知，随着结构大小逐渐增大，渗透率呈现一定的波动并逐渐减小。由于结构大小有限，后续的稳定段部分无法得到。仍假定达到 REV 时渗透率的波动范围在 10%以内，根据计算结果可以得到的 REV 大小为 800，此时对应真实大小为边长 0.224mm 的立方体，体积为 11.2nL，相应的渗透率为 0.321mD。

由于此时的渗透率是在高于临界分辨率的条件下得到的，得到的结果更加可靠。在低于临界分辨率的条件下，对不同尺寸的结构进行了渗透率计算，得到了不同分辨率下的 REV 尺寸，结果如下(表 3.1)。

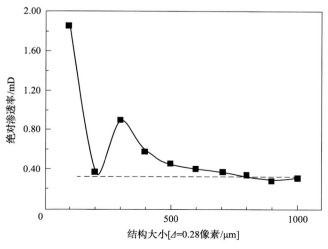

图 3.8　渗透率随结构大小变化曲线

表 3.1　不同分辨率下的 REV 尺寸与渗透率

分辨率/(像素/μm)	REV 尺寸/mm	渗透率/mD
3.57	0.224	0.321
1.79	0.224	0.443
0.89	≥0.28	

结果表明，在不同的分辨率下，估计得到的 REV 尺寸是不同的，同时估计的渗透率的数值也是变化的。这说明了仅仅满足 REV 的要求是无法保证结果的准确性的。在均满足 REV 的条件时，在 3.57 像素/μm 与 1.79 像素/μm 的分辨率下，渗透率的偏差接近 40%。因此，要得到具有代表性同时准确的结果，需要同时考虑分辨率对结构尺寸的影响，即在保证分辨率达到临界分辨率的同时保证结构尺寸达到 REV 尺寸。

3.3　超低渗透储层数字岩心构建方法

3.3.1　超低渗透储层岩心图像选取方法

基于图像面孔率和盒维数的分形计算方法，考虑岩石分形特征的数字岩心建模中代表性岩样的选取方法步骤如下[45]。

步骤一：岩石 CT 扫描。将岩心或岩心柱进行 X 射线 CT 扫描，得到系列岩石 CT 灰度图像，根据扫描顺序对图像从小到大编号，并有序存放，如图 3.9 所示。

步骤二：图像分组。根据建立的数字岩心尺寸 $l \times l \times l$，确定图像张数 n，其中 N 为 CT 扫描图像总张数，d 为扫描间距，L 为扫描岩样高度，各参数满足 $n \leq N, n \times d \geq l, L \geq l$。得到 $N - n + 1$ 种图像组合方式 I_j 如下：

$$I_1 = [\text{pic}1, \text{pic}2, \cdots, \text{pic}n], I_2 = [\text{pic}2, \text{pic}3, \cdots, \text{pic}(n+1)], \cdots, I_{N-n+1} = [\text{pic}(N-n+1),$$
$$\text{pic}(N-n+2), \cdots, \text{pic}N]$$

式中， $\text{pic}1, \text{pic}2, \cdots, \text{pic}N$ 为步骤一中 CT 扫描图像的顺序编号。

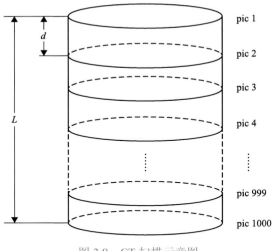

图 3.9 CT 扫描示意图

步骤三：图像组合优选。首先，计算每个组合 I_j 的平均分形盒维数 $\overline{D}_{I_j}$ 和平均面孔率 $\overline{\phi}_{I_j}$ 如下：

$$\overline{D}_{I_j} = \frac{\sum_{i=j}^{n+j-1} D_i}{n}$$
$$\overline{\phi}_{I_j} = \frac{\sum_{i=j}^{n+j-1} \phi_i}{n} \tag{3.1}$$

式中， D_i 、 ϕ_i 分别为每张图像分形盒维数和面孔率， $i \in (1, N)$ ， $j \in (1, N-n+1)$ 。

然后，将各组合计算得到的平均分形盒维数 $\overline{D}_{I_j}$ 和平均面孔率 $\overline{\phi}_{I_j}$ 代入式（3.2）：

$$\Omega(I^*) = \min \left\{ \Omega(I_j) = \left\{ \sqrt{\frac{\sum_{i=1}^{N}(D_i - \overline{D}_{I_j})^2}{N}} + \sqrt{\frac{\sum_{i=1}^{N}(\phi_i - \overline{\phi}_{I_j})^2}{N}} = \left\{ \begin{array}{l} \sqrt{\dfrac{\sum_{i=1}^{N}(D_i - \overline{D}_{I_1})^2}{N}} + \sqrt{\dfrac{\sum_{i=1}^{N}(\phi_i - \overline{\phi}_{I_1})^2}{N}} + \\ \sqrt{\dfrac{\sum_{i=1}^{N}(D_i - \overline{D}_{I_2})^2}{N}} + \sqrt{\dfrac{\sum_{i=1}^{N}(\phi_i - \overline{\phi}_{I_2})^2}{N}} + \\ \vdots \\ \sqrt{\dfrac{\sum_{i=1}^{N}(D_i - \overline{D}_{I_{N-n+1}})^2}{N}} + \sqrt{\dfrac{\sum_{i=1}^{N}(\phi_i - \overline{\phi}_{I_{N-n+1}})^2}{N}} \end{array} \right. \right. \right.$$

$$\tag{3.2}$$

式中，$i \in (1, N)$；$j \in (1, N - n + 1)$；I^* 为最佳图像组合；min() 为取最小非负数函数。

步骤四：获取代表性岩样。根据步骤三计算得到的最佳图像组合 I^*，钻取与其位置对应的岩石样品。例如，如图 3.9 所示，一次 CT 扫描的图像总张数 $N = 1000$，扫描间距 $d = 0.1\text{mm}$，扫描岩样高度 $L = N \times d = 10\text{cm}$，数字岩心建模尺寸为 15mm×15mm×15mm，所需图像张数 $n = 150$，优选图像组合为 $I_{201} = [\text{pic}201, \text{pic}202, \cdots, \text{pic}350]$；则钻取岩样的方法是分别截去岩心上端 20mm 和下端 65mm，留下部分即优选的岩心样品。

3.3.2　超低渗透储层岩心扫描图像二值化方法

1. 考虑孔隙度的阈值分割法

岩心孔隙度是重要的岩石物理参数，它给出了岩心孔隙空间所占的份额，有学者将孔隙度这一重要参数结合到图像分割过程中，给出一种以实测孔隙度为约束分割岩心微观结构图像的方法。该方法能够对由图像所有像素点的灰度值组成的集合进行合理分割，所得黑白图像的面孔率与试验孔隙度相吻合[46-48]。

岩心(仅考虑干岩心，其内部不含流体)由致密的岩石骨架和孔隙空间两部分组成。理论上，岩心 CT 图像中的两部分应具有截然不同的灰度。然而，由于受到成像设备精度等多种因素的制约，在 CT 图像中，尽管可以通过肉眼大致分辨出孔隙的位置，但孔隙与岩石骨架的灰度差异并不十分明显。此外，孔隙与岩石骨架的边缘十分模糊，这给图像分割带来很大困难。在此情况下，分割结果的准确性对阈值的选取更加敏感。

岩心孔隙度是开展各类油层物理试验时必须测定的基本物理量，在现有的试验条件下，借助气体膨胀法、液体饱和法等都可以方便准确地测量得到。由于孔隙度给出了岩心孔隙空间所占的份额，把孔隙度作为约束条件结合到岩心 CT 图像分割过程中会提高图像的分割质量。

孔隙度法确定分割阈值的算法如下。

设岩心孔隙度为 ϕ，灰度阈值为 k，图像的最大、最小灰度值分别为 $I_{\max}$、$I_{\min}$，灰度值为 i 的像素数为 $p(i)$，灰度值低于阈值 k 的像素表征为孔隙，其余表征为骨架。则满足式(3.3)所示的灰度值 k^* 即所求分割阈值。

$$f(k^*) = \min \left\{ f(k) = \left| \phi - \frac{\sum_{i=I_{\min}}^{k} p(i)}{\sum_{i=I_{\min}}^{I_{\max}} p(i)} \right| \right\} \tag{3.3}$$

2. 岩石孔隙结构分形特征

Mandelbrot[49]最先提出分形，一条分形曲线的分形维数介于 1～2；而且分形维数越大，曲线越复杂、越趋向于充满整个平面。分形维数较整数维更确切地反映了对象的空间占有情况。Thompson 等[50]最早用分形理论和方法来分析多孔介质的结构；其后，Krohn

和 Thomposn 等进行了类似分析[51]，使定量描述多孔固体表面的复杂结构和能量不均匀性成为现实，现今在数字图像处理领域及其他领域中被广泛应用。根据分形理论，分形维数越大，分形体就越复杂、越粗糙，反之亦然。Yu 和 Li[52]利用分形理论，来描述数字岩心的孔隙结构，孔隙尺寸自相似区间为 $(\lambda_{\min}, \lambda_{\max})$，上下限为最大孔隙尺寸和最小孔隙尺寸。岩石孔隙度与孔隙尺寸分形维数以及最大、最小孔隙尺寸的关系如下：

$$\phi = \left(\frac{\lambda_{\min}}{\lambda_{\max}}\right)^{2-D_f} \tag{3.4}$$

式中，ϕ 为孔隙度；D_f 为孔隙分形维数；$\lambda_{\max}$ 为孔隙最大半径；$\lambda_{\min}$ 为孔隙最小半径。

3. 改进算法

需要说明的是，在岩心孔隙度已知的情况下，采用迭代算法选取适当的灰度阈值对 CT 图像加以分割，当所得黑白图像的面孔率与试验孔隙度最吻合时，CT 图像的分割效果未必最佳，这是因为：①实验室测量孔隙度时一般选用整块岩心（通常是直径为 2.5cm 的标准岩心），但开展 CT 试验时为保证较高的分辨率通常采用小尺寸岩心（通常为直径不大于 5mm 的岩心柱），由于任何岩心都存在不同程度的非均质性，小尺寸岩心的真实孔隙度未必与试验孔隙度一致；②CT 图像的面孔率代表小岩心局部的孔隙度，由于岩石的非均质性，CT 图像的面孔率与试验孔隙度往往存在较大差异；③实验室所测定的岩心孔隙度为有效孔隙度，即连通孔隙在岩心中所占的体积比，而岩心中的孤立孔隙经 CT 成像后同样可以显示在 CT 图像中，故 CT 图像面孔率与试验孔隙度存在偏差[52,53]。

而且，一般岩心的孔隙度在实验室条件下测定比较方便，但是目前随着非常规油气藏资源的开发，超低渗透储层岩石越来越多，而这类岩石的实验室孔隙度测定对仪器要求比较高，而且测定周期长。

所以，本领域亟须一种合理分割 CT 灰度图像的方法，以利于岩石微观结构研究。本部分的目的是提供一种考虑孔隙分形特征的岩石 CT 扫描灰度图像二值化分割方法，具体是利用分形理论中岩石孔隙度与孔隙尺寸分形维数以及最大、最小孔隙尺寸的关系计算单张 CT 灰度图像的面孔率 ϕ_i，用计算得到的单张图像面孔率 ϕ_i 代替试验孔隙度 ϕ，以 ϕ_i 为约束迭代求出最佳分割阈值，以此来合理分割岩石 CT 灰度图像的方法。用于克服岩石物理领域的现有图像分割方法分割效果差，以实测孔隙度为约束的分割方法成本高、周期长，而本方法对非均质性强的储层和超低渗透储层具有明显优势。

3.3.3　超低渗透储层岩心多尺度融合算法

模板匹配是在一幅图像中寻找一个特定目标的方法之一[54-57]。这种方法的原理非常简单，遍历图像中每一个可能的位置，比较各处与模板是否"相似"，当相似度足够高时，就认为搜索到目标。

用 T 表示模板图像，I 表示待匹配图像，且模板图像的宽为 w，高为 h，用 R 表示匹配结果，匹配过程如图 3.10 所示。

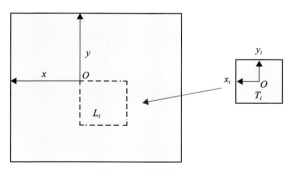

图 3.10　模板匹配

假设图像长度和宽度分别为 W 和 H，则搜索范围为 $1 \leqslant i \leqslant W-w$，$1 \leqslant j \leqslant H-h$。采用相关法计算相似度。当模板在原图像中移动时，进行相似度计算。假设当前模板所在位置的子图为 S_{ij}，相似性 D 的计算如下所示，将其归一化后得到的与模板匹配的相关系数 R 如下所示。

$$D(i,j) = \sum_{m=1}^{w} \sum_{n=1}^{h} \left[S_{ij}(m,n) - T(m,n) \right]^2 \tag{3.5}$$

$$R(i,j) = \frac{\sum_{m=1}^{w} \sum_{n=1}^{h} \left[S_{ij}(m,n) \times T(m,n) \right]}{\sqrt{\sum_{m=1}^{w} \sum_{n=1}^{h} \left[S_{ij}(m,n) \right]^2} \sqrt{\sum_{m=1}^{w} \sum_{n=1}^{h} \left[T(m,n) \right]^2}} \tag{3.6}$$

当模板和子图一样时，相关系数 $R(i,j)=1$，在被搜索图像 I 中完成全部搜索后，找出相似度大于阈值 R_0 的子图，同时去掉互相重叠的子图。

为了消除旋转的影响，分别以角度 $i\theta$ 旋转原始图像，进行模板匹配，最后排除满足匹配条件子图中的重叠子图。

四叉树由于其结构特点，管理较快速简便。遍历：由根节点指针开始，通过节点存储的子节点指针进行遍历，直至满足条件。拆分：将待拆分节点根据节点范围坐标一分为四，得到新的四个叶节点，对新的叶节点进行赋值。合并：由于四叉树节点的子节点数要么为 0 要么为 4，合并即 4 个子节点合并，直接将 4 个子节点删除，保留其父节点即可。

根据模板匹配结果对四叉树模型进行扩展，通过高分辨率数据对低分辨率节点进行拆分、合并等操作，生成多尺度数字岩心 3D 模型。

利用 1000 张 CT 低分辨率切片(分辨率为 1.0 像素/μm)建立分层四叉树，生成三维模型，如图 3.11(a)所示，通过高分辨率 0.05 像素/μm 模板与 1.0 像素/μm 切片进行匹配，对其分层四叉树进行扩展，得到多尺度三维模型，如图 3.11(b)所示。

(a) 扩展前   (b) 扩展后

图 3.11   多分辨率数字岩心模型

3.3.4   超低渗透储层数字岩心构建

X 射线 CT 扫描法构建的三维数字岩心由于与真实岩心具有相同的孔隙结构特征,基于此模型开展岩石物理特征数值模拟具有较强的准确性和可信度。采用 X 射线 CT 扫描法建立三维数字岩心的过程可分为以下六步[58,59]。

(1)样品制备。将岩样加工成具有合适尺寸的圆柱体。

(2)样品 X 射线 CT 扫描。合理选择扫描分辨率,经过扫描实验建立岩心的三维灰度图像。

(3)灰度图像滤波。采用中值滤波等方法消除三维灰度图像中的噪点。

(4)灰度图像二值化。对于仅考虑岩石骨架和孔隙空间的两相系统,采用图像分割技术,将灰度图像转换为二值化图像。

(5)二值化图像平滑处理,剔除孤立的岩石骨架。

(6)代表体积元分析,选定三维数字岩心的最佳尺寸。

本研究采用美国 Xradia 公司生产的 Xradia XRM-500 型 CT 机,该 CT 机最高分辨率达到了 0.7 像素/μm,适用于建立各种岩性三维数字岩心。图 3.12 为某超低渗透砂岩岩心微米 CT 扫描处理得到的二值图像(白色表示岩石骨架,黑色表示岩石孔隙),CT 扫描分辨率为 1.00 像素/μm,岩样直径约为 1.0mm。

图 3.13 为经过 CT 图像处理后得到的三维数字岩心孔隙空间分布效果图,数字岩心物理尺寸为 0.1mm×0.1mm×0.1mm,体素尺寸为 100 像素×100 像素×100 像素,实验测得该岩心孔隙度为 10.75%,其模型连通孔隙度为 8.23%,有 2.52%的孔隙缺失,缺失的这部分孔隙是小于 1.00μm 的孔隙。

1. 构建储层微孔隙三维数字岩心

基于扫描电子显微镜获取超低渗透岩心扫描图像,通过最大类间距法进行图像分割得到超低渗透岩心二值图像。图 3.14 为高分辨率下超低渗透岩心二值图像(白色表示岩石骨架,黑色表示岩石孔隙),主要用来描述超低渗透微孔隙的特征,图像相幅为 600

像素×400 像素,分辨率为 0.05 像素/μm,扫描电镜与 CT 扫描图像的分辨率比值为 1∶20。图 3.15 为通过多尺度算法构建出的微孔隙数字岩心孔隙空间分布效果图,数字岩心物理尺寸为 0.1mm×0.1mm×0.1mm,与微米 CT 构建的大孔隙数字岩心尺寸相同。其中微孔隙数字岩心孔隙度为 9.79%,体素尺寸为 2000 像素×2000 像素×2000 像素,分辨率为 0.05 像素/μm。

图 3.12　岩心低分辨率二值图像

图 3.13　低分辨率数字岩心孔隙空间形态分布

图 3.14　岩心高分辨率二值图像

图 3.15　高分辨率数字岩心孔隙空间形态分布

2. 耦合构建纳米级三维数字岩心

耦合构建超低渗透岩心纳米级多尺度数字岩心的步骤如下[60-62]。

(1)进行大孔隙数字岩心的体素分割。如图 3.16 所示,根据大孔隙和微孔隙数字岩心的分辨率比值 i(i=4),将大孔隙数字岩心中的体素分割成 $i×i×i$ 个体素,使大孔隙数字岩心和微孔隙数字岩心具有相同的体素尺寸。

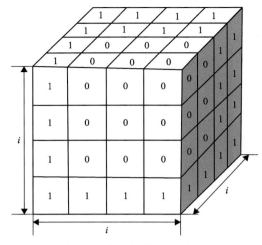

图 3.16   体素细化示意图

(2) 将微孔隙数字岩心孔隙系统和大孔隙数字岩心孔隙系统进行耦合,则纳米级数字岩心的孔隙系统空间 I_s 为

$$I_s = I_A \bigcup I_B \tag{3.7}$$

式中, I_A 和 I_B 分别为微孔隙和大孔隙数字岩心的孔隙系统。由于数字岩心的数据体是通过 0(孔隙空间)和 1(骨架空间)来进行表征的,对微孔隙和大孔隙数字岩心的耦合操作为

$$0+0=0, \quad 0+1=0, \quad 1+0=0, \quad 1+1=1 \tag{3.8}$$

图 3.17 为基于耦合构建的纳米级数字岩心孔隙空间形态分布效果图,其孔隙度为 10.53%,体素尺寸为 2000 像素×2000 像素×2000 像素,分辨率为 0.05 像素/μm,对比大孔隙数字岩心和微孔隙数字岩心孔隙度大小可以看出,多尺度新方法构建的超低渗透砂岩纳米级数字岩心孔隙度显著提高,与岩心实测孔隙度(10.75%)更接近。

图 3.17   纳米级数字岩心孔隙空间形态分布

3.4　超低渗透储层数字岩心渗吸数值模拟

3.4.1　理论基础

本章主要基于玻尔兹曼方法颜色梯度模型开展超低渗透储层自发渗吸模拟计算。下面将简要介绍控制流体输运的格子玻尔兹曼方法（LBM）和追踪两相界面演化的颜色梯度模型（color gradient model）[63]。

LBM 利用离散空间网格格点上具有不同速度方向的虚拟粒子群的碰撞、迁移来表征流体流动。一个格点某一速度方向的虚拟粒子占有量即分布函数 $f_i(x)=f(x,e_i)$，其并入外部作用力后的时空演化方程［简化的玻尔兹曼方法（BGK）碰撞项］为

$$f_i\left(x+e_i\Delta t,t+\Delta t\right)-f_i(x,t)=-\frac{1}{t_\text{n}}\Big[f_i(x,t)-f_i^\text{eq}(x,t)\Big]+K_i \tag{3.9}$$

式中，x 为粒子所处位置；$f_i(x,t)$ 为 t 时刻 x 位置处粒子分布函数；e_i 为 i 方向粒子的速度矢量；t 为所处时刻；Δt 为时间步长；t_n 为松弛时间；$f_i^\text{eq}(x,t)$ 为平衡态分布函数值；K_i 为 i 方向的源项（这里是力源项），K_i 为并入 LBGK 模型的外力项（本项目中主要指重力）。目前引入外力项的方法众多，其各有优势，这里主要应用 Guo 作用力项：

$$K=\left(1-\frac{1}{2t_\text{n}}\right)w_i\left(3\frac{e_i-u}{e^2}+9\frac{e_iu}{e^4}e_i\right)\cdot\boldsymbol{F} \tag{3.10}$$

式中，w_i 为权重系数，速度方向分配系数；u 为宏观速度；e 为单位格子速度；$\boldsymbol{F}$ 为体积力矢量，该作用力对流体的作用通过宏观速度的改变体现，即动量方程，因此流体宏观运动速度由式（3.11）计算：

$$\rho u(x,t)=\sum_i e_i f_i(x,t)+\frac{\Delta t\boldsymbol{F}}{2} \tag{3.11}$$

式中，ρ 为宏观密度。

至此，上面的公式即描述流体在外力（体积力）作用下的输运方程，通过查普曼-恩斯库格（Chapman-Enskog）展开可以得到动量、能量和质量守恒的纳维-斯托克斯（Navier-Stokes, N-S）运动方程。

颜色梯度模型中分别以红色和蓝色标记两组分流体，通过在碰撞项中添加微扰动以引入表面张力，即该模型中表面张力被视为压力局部各向异性（界面法向压力大于切向压力），而 LBM 中压力正比于流体密度，因此对碰撞后不同组分流体粒子重新标色或重新编排，优先放置于两相界面垂直方向上的两侧，从而引入表面张力，驱使流体流向相同颜色的流体区域，以达到相分离的目的。因此，该模型可以用来模拟非混溶多相流体流动[64,65]。

由于超低渗透油藏储层孔隙结构的复杂性及毛细现象过程中毛细管数较少，为了提高基于三维数字岩心模型渗吸模拟的精度和稳定性，我们利用优化扰动项的颜色梯度模型及多松弛碰撞项（MRT）。优化的颜色梯度模型中需要三个时间空间演变方程：一个为控制压力和密度演变的全尺寸分布函数，另外两个 LBM 方程仅用于模拟界面随着速度

的演变，且不需要储存每一时步具体的分布函数值，MRT 中的平衡附加项用于产生表面张力，重新标色用于限制界面附近发生扩散。

改进模型中颜色梯度矢量场如下：

$$C(x,t) = \frac{3}{c^2 \Delta t} \sum_i w_i e_i \phi(t, x + e_i \Delta t) \tag{3.12}$$

式中，$C(x,t)$ 为宏观颜色梯度；c 为单位格子速度；$\phi(t, x + e_i \Delta t)$ 为 i 方向梯度。

界面方向由正则化梯度表示：

$$\boldsymbol{n}_\alpha = \frac{C_\alpha}{|C|} \tag{3.13}$$

式中，C_α 为宏观颜色梯度（某一方向的）；$\boldsymbol{n}_\alpha$ 为方向向量；$|C|$ 为宏观颜色梯度大小。

两个独立的 LBM 演化方程用于计算两组分密度场对流，蓝色流体与红色流体密度分别用 ρ_b 和 ρ_r 表示。下面以红色流体为例展示其 LBM 演化方程和平衡分布函数：

$$g_i(x + e_i \Delta t, t + \Delta t) = g_i^{eq}\left[\rho_r(t,x), u(t,x)\right] \tag{3.14}$$

$$g_i^{eq} = w_i \rho_r \left(1 + \frac{3}{c^2} e_i u\right) \tag{3.15}$$

式中，g_i 为红色流体的分布函数；g_i^{eq} 为红色流体的平衡态分布函数。

3.4.2 模型设置

由于低分辨率扫描结果构建的数字岩心模型均具有较低的均质程度和连通性，在原始数据集随机选取大小为 150^3 体素的子体积用于自发渗吸模拟时，连通测试显示子体积中与渗吸发生方向连通的孔隙路径较少且分布极其不均匀，且存在大部分空间无连通孔隙填充和几条连通孔隙簇仅靠几个喉道连接的情况。同时，与上下进出口缓冲层相连接的孔隙空间连接点也相对较少和分布不均匀，这都增加了渗吸模拟计算的难度。

为探究不同润湿条件下的自发渗吸规律，设置初始条件、边界条件及停止条件如下。

(1)初始条件：自发渗吸模拟开始前润湿流体(蓝色)位于距离入口端的 10 层格子缓冲层内，非润湿流体(红色)除了填充距离出口端的 10 层格子缓冲层外，还完全饱和提取的子体积孔隙空间，如图 3.18 所示，其中灰色部分表示岩石骨架。

(2)边界条件：整个模拟过程中两相流体不受外力作用，完全依靠毛细管力驱动润湿相流体渗入超低渗透油储层孔隙空间。子体积模型的六个切面均采用周期边界条件，但与渗吸方向平行的两个切面，在周期迁移前需要与缓冲层内流体进行匹配，即非润湿相分布函数迁移进润湿相饱和的缓冲层时需要变为润湿相对应的序参数。孔隙空间壁面采用半步长反弹边界以适应复杂的孔隙空间结构。

(3)停止条件：由于自发渗吸过程中流体运移的驱动力只有毛细管力，其相对大小与孔喉的尺寸密切相关，对流体的作用效果又与孔喉的空间均质程度分布有关，提取一定大小的子体积模型，其内部流体的最终稳定分布仍然需要较长的计算时间。本节选取强水湿条件下润湿相出现在出口端对应的时刻为计算停止条件。

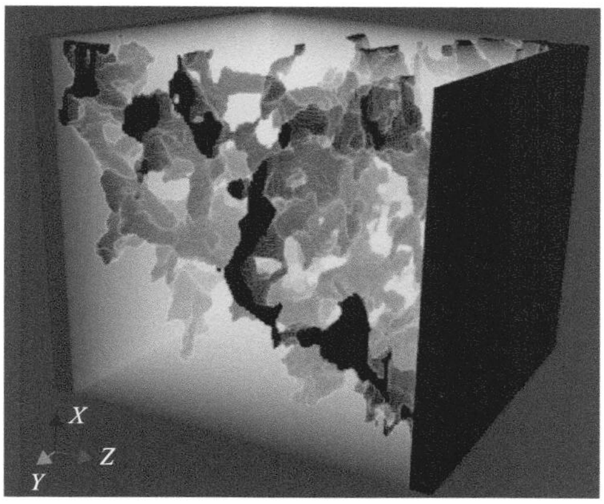

图 3.18　超低渗透油藏储层数字岩心自发渗吸模拟孔隙空间模型

超低渗透油藏储层岩心自发渗吸模拟两相流体物性参数设置见表 3.2。

表 3.2　超低渗透油藏储层岩心自发渗吸模拟两相流体物性参数设置

物理性质	设置值
密度比	1
黏度比	1

3.4.3　流体润湿性对自发渗吸的影响

1. 润湿性边界条件

由 Yang-Laplace 方程可知，岩心润湿性直接决定了渗吸动力——毛细管力的大小，从而影响自发渗吸过程中渗吸前缘的演变速度和方向。对于超低渗透储层，只有其表面具有一定的亲水性时，水才能自发渗吸进入储层孔喉，起到驱油效果。而且岩石的润湿性往往也决定了流体在岩石微观孔喉中的分布及流动状态。传统实验研究中，多数关注三种典型润湿条件下（即水湿润湿角[0°, 75°]、中性润湿润湿角[75°, 105°]和油湿润湿角[105°, 180°]）超低渗透油藏储层的自发渗吸效率和最终采收程度，而岩石水湿条件下润湿角的连续变化对自发驱油的影响规律的研究较少[66]。为此，本节基于同一超低渗透储层岩心数字模型重点研究了水湿条件下润湿角的连续变化对自发渗吸的影响，定性分析自发渗吸过程中逆向和顺向渗吸过程中渗吸前缘的演变规律，定量评价渗吸速度、渗吸采出程度等参数。模拟计算过程中以润湿角的大小表征岩心的润湿性及程度。具体参数设置如表 3.3 所示。

表 3.3　超低渗透油藏储层岩心自发渗吸模拟润湿角设置

影响因素	体积/体素	连通孔隙度/%	润湿角
润湿性	150^3	10.90	$\pi/10$
			$\pi/5$
			$3\pi/10$
			$2\pi/5$

2. 渗吸前缘演变和两相赋存规律分析

基于提取的超低渗透油藏储层三维数字岩心模型，开展了四种不同润湿角下自发渗吸模拟。为了对比不同润湿角对自发渗吸驱替效率的影响，四种润湿状态的模拟计算的停止条件均设为 600 万步。以 150 万步为间隔。图 3.19～图 3.22 展示了不同润湿角条件下的两相界面演变。

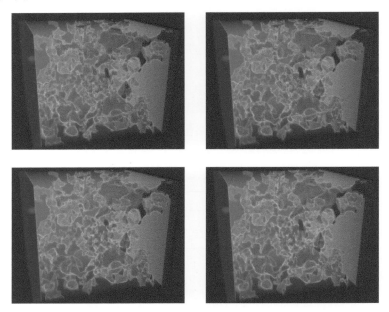

图 3.19　润湿角为 $\pi/10$ 自发渗吸过程中两相界面随时间的演化

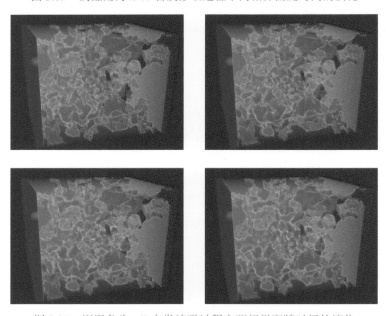

图 3.20　润湿角为 $\pi/5$ 自发渗吸过程中两相界面随时间的演化

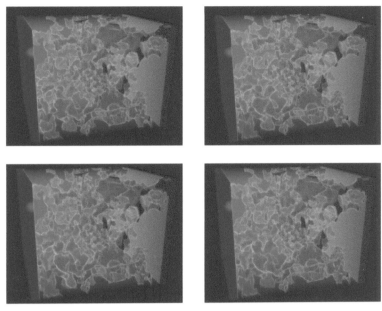

图 3.21　润湿角为 $3\pi/10$ 自发渗吸过程中两相界面随时间的演化

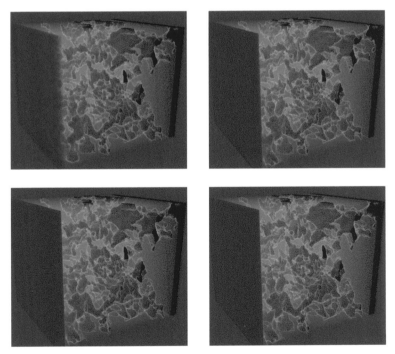

图 3.22　润湿角为 $2\pi/5$ 自发渗吸过程中两相界面随时间的演化

不同润湿角下的模拟结果对比如图 3.23 所示，可以明显看出，润湿性对两相界面的形态及空间分布有较大影响。较小润湿角条件下($\pi/10$ 和 $\pi/5$)，润湿相流体优先润湿孔隙角隅，主要以膜状流、角流形式流动，两相界面杂乱、分散；主要终端液面滞后明显。

随着润湿角的增大，膜状流、角流形式的流动明显减少，因此，两相界面的形态也相应变得规则、紧凑，主要终端液面滞后效应进一步减弱。当润湿角进一步增大，如本书中的 $2\pi/5$，自发渗吸现象明显减弱，而且主要发生在与入口段相连接的较小的孔隙空间内，当该部分空间被非润湿相填充后，润湿相流体难以进一步自发渗吸进入超低渗透油藏多孔介质孔隙中。

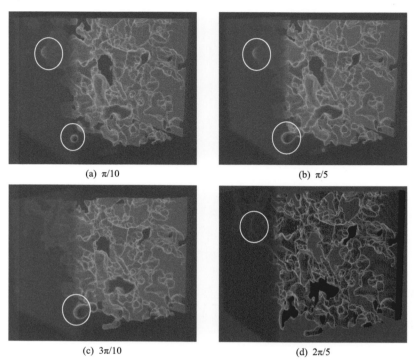

(a) $\pi/10$ (b) $\pi/5$

(c) $3\pi/10$ (d) $2\pi/5$

图 3.23   同一时刻不同润湿条件下初始阶段逆向渗吸两相界面演化规律

在渗吸初始阶段，可明显观察到非润湿相液滴从模型入口界面排进饱和润湿相的缓冲层内，这种吸入方向和排出方向完全相反的渗吸现象即逆向渗吸。逆向渗吸的这种现象是由油藏的物理性质-力学机理控制的。逆向渗吸包含两个过程：①水吸入过程。该过程主要取决于毛细管力的大小，在润湿性不变的情况下，毛细管半径越小，渗透率越小，毛细管力越大，水渗入模型内的距离越大。②油排出过程。该过程中，油排出的阻力有单相油的启动压力和油水两相流阻。这些力与微观孔喉尺寸和分布及流体润湿性有直接关系。

此外重点考察了不同流体润湿性对自发渗吸驱油初始阶段逆向渗吸的影响规律。四种润湿角条件下同一模型渗吸过程中初始阶段入口端均有油滴析出，这说明不同润湿角条件下渗吸初期都以逆向渗吸为主。但逆向渗吸发生程度和发生位置在不同润湿角条件下发生变化。在强润湿条件下[图 3.23(a)、(b)]，逆向渗吸点有两处，均发生在与入口端相连接、尺寸相对较大的孔喉中，但逆向渗吸发生程度显著不同。润湿角越小，逆向渗吸发生程度越强烈。

为了更直观地对比不同润湿强度对自发渗吸过程中渗吸前缘的影响，通过在计算初始及结束区间内以一定间隔提取不同时刻计算结果绘制两相界面分布图(图 3.24)，可以直观看出润湿角对自发渗吸的影响规律。

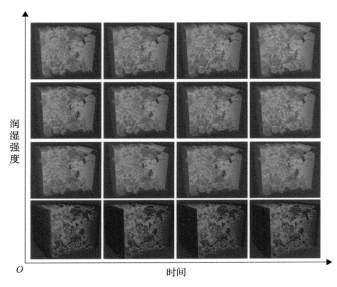

图 3.24　不同润湿强度渗吸前缘演化图

3. 渗吸驱油效果定量分析

不同润湿条件下采出程度和采出速度随时间的关系如图 3.25 所示，可以看出超低渗透油藏储层的自发渗吸驱替效果受润湿角的强烈影响，润湿角过大严重降低渗吸效率，当润湿角为最小值时，即 $\pi/10$ 时，渗吸效率最高。但此润湿角下，渗吸前缘分布散乱，主要终端液面滞后最为明显。这是因为在超低渗透储层孔喉中，强水湿状态下，润湿相流

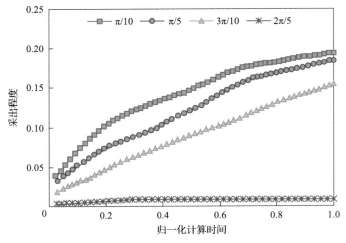

图 3.25　不同润湿条件下采出程度随时间变化关系

体趋向于填充较小的孔隙结构，造成大孔隙周围的小孔隙优先被填充，从而使大孔隙中的非润湿相被绕走。而在大孔隙结构中，润湿相流体以角流或膜状流的形式优先填充大孔隙边界上的角隅，由于在孔喉处发生"卡断"现象，非润湿相滞留在大孔隙中央。在弱水湿条件下，作为驱动力的毛细管力很小，难以克服流体运移产生的黏滞阻力；而在润湿角为 $\pi/10$ 状态时，即可以保证提供流体运移所需的驱动力，但同时由于孔隙填充事件的影响如"绕流""卡断"等现象，非润湿相的采收程度并非显著提升。因此，根据采收程度与时间的关系及润湿前缘随时间的演变规律可知，存在一定的接触角，使非润湿流体的最终采出程度最高。

对比不同润湿角条件下自发渗吸速率随时间的变化关系(图 3.26)可知，渗吸初始阶段，不同润湿角对应的自发渗吸速率差异较大，润湿角越小，渗吸速率越大。而一定时间后(归一化计算时间为 0.2)，不同润湿角对应的自发渗吸速率差异逐渐减小。当归一化计算时间为 0.2 时，较大润湿角对应的自发渗吸速率趋近于 0，说明该润湿条件下自发渗吸已经趋近于平衡。

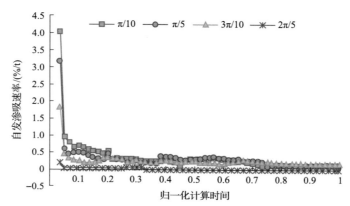

图 3.26　不同润湿条件下自发渗吸速率随时间变化关系

计算终止时刻不同润湿角条件下对应的采出程度，如表 3.4 所示。润湿角越小，自发采出程度越高。

表 3.4　不同润湿条件超低渗透储层渗吸驱油效果

润湿角	采出程度/%	润湿角	采出程度/%
$\pi/10$	19.48	$3\pi/10$	15.45
$\pi/5$	18.53	$2\pi/5$	0.94

3.5　超低渗透储层数字岩心 3D 打印

3.5.1　3D 打印技术现状

近年来 CT 技术的发展为识别和获取岩石内部复杂孔隙结构与矿物的空间分布提供了新手段。在此基础上，数字建模和计算机模拟的引入可以揭示传统室内实验无法展现的岩石内部物理变化，从微观的角度解释宏观的现象，实现储层的精确描述[66,67]。数字岩心模拟技术取得了丰富的研究成果，但模拟结果的实验验证仍具有很大挑战。3D 打印技术的发展和应用实现了从数字模型到实体模型的精确、快速制备，为人造岩心的制作以及数字岩心模拟结果的实验验证提供了一种可靠、快速的室内实验替代方案，为定量表征岩土体内部的复杂结构、介质内部应力变形及流体流动的可视化提供了一条新的研究途径。

　　3D 打印可以实现从计算机图形数据到实体物理模型的快速成型，从而缩短试样的制备周期、降本增效，进而实现定制化生产[68]。随着 3D 打印技术的快速发展和广泛应用，一些学者尝试将 3D 打印技术引入岩石力学领域(水文地质力学)的研究中，用于天然岩石的复刻及含特殊结构的人造岩心及大型物理模型的定制化制备(图 3.27)。

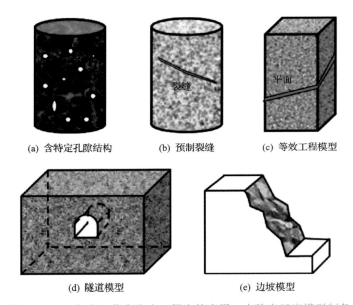

(a) 含特定孔隙结构　　(b) 预制裂缝　　(c) 等效工程模型

(d) 隧道模型　　(e) 边坡模型

图 3.27　3D 打印工艺在岩土工程中的应用：实验室尺度模型制备

　　3D 打印制造的岩石类似物可用于批量制造具有特定非均质性的样品，进而开展与测试介质微观结构变异性无关的多因素响应实验。结合光学观测和应力冻结等技术可以实现模型应力-应变三维非侵入式监测，为岩石力学的可视化提供了新的研究思路[69]。Ju 等[70]利用 3D 打印模型，采用光弹性-应力冻结技术实现了岩体内部复杂结构与应力场的可视化表征，并与数值实验进行了对比。Ishutov 等[71]结合 CT 技术，对比分析了 3D 打印砂岩和天然砂岩微观孔隙结构的差异。Jiang 等[72]对比了高分子聚乳酸(polylactic acid，PLA)材料和天然粉末印刷材料(石膏)在模拟天然岩石力学性质方面的差异，发现石膏材料的力学特性与天然岩石材料更加接近；并利用石膏材料 3D 打印了具有预制裂缝的试件，研究了动态荷载下裂缝的演化特征。然而，目前 3D 打印技术在多孔介质制备中的研究还处于起步阶段，数字模型的构建与处理、成型工艺和打印材料的优选、实体模型的后处理及实验验证等还有很多的问题需要解决[73]。

3.5.2 3D 打印工艺优选

1983 年，Hull 最先提出 3D 打印(3DP)的概念，其也被称为陶瓷膏体光固化成形 (sterolithography apparatus, SLA)。随后，熔丝沉积成形(FDM)等多种不同的打印工艺，以及不同形态和材质的打印材料逐渐被应用到 3D 打印技术中[74]。表 3.5 为目前不同成型工艺的技术原理及特点。

表 3.5 3D 打印成形工艺与技术特点

成型工艺	工作原理	特点
熔丝沉积成形	通过打印喷头加热打印丝材，逐层将熔化的丝材喷涂于打印平台	无需激光系统支持，设备简易，原材料价格低廉，适用范围广
聚合物喷射技术 (polyjet)	与传统喷墨打印类似，通过打印头将液体光敏树脂喷射到打印托盘，并且每个液滴在紫外线灯照射下固化	可提供准确的精度、光滑的成形表面和精致的细节刻画。光敏树脂对紫外光的敏感性使得液滴固化精准
激光选区烧结 (SLS)	该技术使用高功率的二氧化碳激光器选择性熔化和熔融粉末状热塑材料来打印模型	精度较高，无需支撑结构，后处理时目标会出现一定程度的收缩
三维打印	打印喷头逐点扫描将黏结剂涂敷到石膏粉末上完成固化	打印材料较为单一
电子束熔炼 (EBM)	高能电子束加热钛合金材料，计算控制电子束轨迹选择性固化材料	成形精度高，打印原料单一
激光选区熔化 (SLM)	使用精确的高功能光纤激光器，可以微焊接粉末状金属和合金，构造能够与锻造组件相当的组件	与传统机加工相比更具成本效益，但需专业支撑去除和打磨处理
陶瓷膏体光固化成形	激光逐点照射光敏树脂，光敏树脂产生固化反应而成形	技术成熟，应用广泛，实物后期处理简单，精度高

3.5.3 微观孔隙结构模型的 3D 打印

陶瓷膏体光固化成形发展历史最长，技术成熟，打印材料种类广泛；且由于激光光斑灵活，大小可控，特别适用于具有复杂外形和微细结构的模型制备[75]。多重喷射方法可以实现多种材料的混合打印，制备具有复合材料属性及力学特性的模型，如含软弱结构面及不同矿物组分的类岩石模型[76]。图 3.28 分别为陶瓷膏体光固化成形和聚合物喷射技

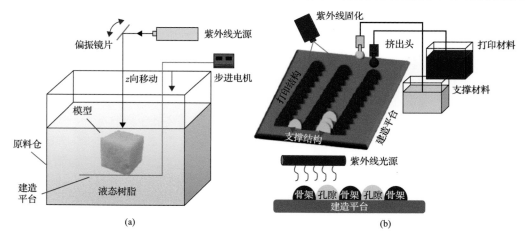

图 3.28 陶瓷膏体光固化成形和聚合物喷射技术原理图

术(PolyJet)的原理图。前者层间的成型精度主要受控于步进电机的最小平移量，孔隙的大小与精度主要受激光光斑大小及偏振镜片的影响；后者打印模型的精度取决于机电控制系统和材料打印喷头的最小尺寸。

　　基于前期的数字模型重建工作，本书分别采用 SLA 和 PolyJet 技术完成了不同材料的 3D 打印岩石模型制备。目前，由于 3D 打印设备精度的限制，本书采用尺度升级的方案进行微观模型的打印，共计制备 10 块 3D 打印岩心，并开展了气测孔隙度、压汞实验和高压孔渗参数联合测试。图 3.29 为实体化数字模型。

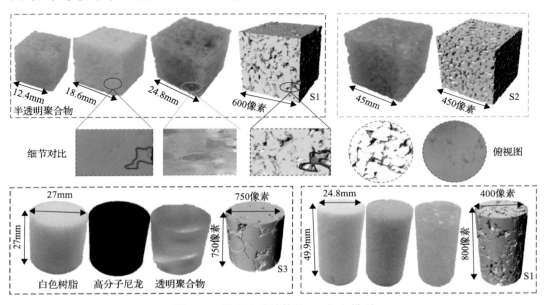

图 3.29　微观孔隙结构的 3D 打印模型

3.5.4　3D 打印岩石的力学特性

　　本节研究了 3D 打印样品在三轴压缩条件下的强度及变形特征。3D 打印岩石样品三轴试验的强度包络线、应力-应变曲线和失效模式图像如图 3.30 所示。

　　三组样品中，CSB 和 SS 样品具有较大的内摩擦角(分别为 23.07° 和 21.14°，GP 样品为 4.78°)，而 SS 和 GP 样品具有较大的黏聚力(分别为 1.08MPa 和 1.09MPa，CSB 为 0.86MPa)。三轴试验中获得的岩石泊松比与内摩擦角参数之间存在一定的内在关系，可以在一定程度上反映岩石的强度特性。通常来说，内摩擦角大而泊松比小的样品表现出硬而脆的特点，反之则表现出软而塑的特点。结合本书中三类打印岩石样品的实验测试值，可以看出单轴压缩试验中样品的破坏特征与前人研究结论表现出了较好的一致性。即 CSB 和 SS 样品的强度高于 GP 样品，且呈现出脆性破坏的特点。结果表明，3D 打印岩石的三轴抗压强度随着围压的增加而线性增加。对于 SS 和 CSB 样品，体积应变随着载荷的增加而增加(体积减小)。SS 样品在接近屈服点之前，有轻微的体积膨胀[图 3.30(b)]，且一旦开始产生塑性变形，萌生的裂纹逐渐扩展、连通直到试样破碎成多个碎块(表现为应力迅低，而体积持续减小)。虽然 CSB 与 SS 样品最终的破坏形式与屈服强度都较为类似，但

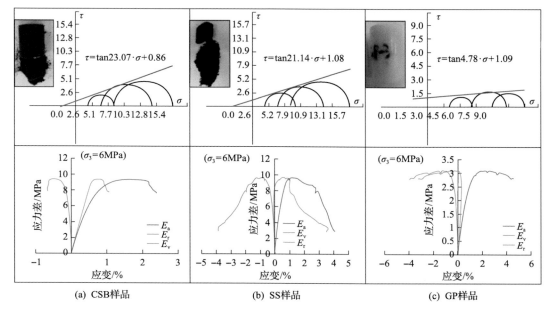

图 3.30   3D 打印岩石的强度包络线、应力-应变曲线和失效模式图像

E_a、E_r、E_v 分别表示轴向、径向和体积弹性模量

两类样品不同成形技术导致颗粒黏结形式产生差异，SS 样品在压缩初期存在短暂的体积扩张，CSB 样品则未表现出这种现象。CSB 样品颗粒间的黏结点数量远远少于 SS 样品，因此黏结部位一旦受压发生断裂，样品即发生脆性破坏。相比于两类砂质材料 3D 打印岩石，GP 样品则表现出完全不同的变形特征。与 CSB 和 SS 样品相比，GP 样品具有较强的塑性流变特性(SS 和 CSB 样品在应变接近 2%时逐渐变缓，而 GP 样品在变超过 5%后仍有增大趋势)，最终发生剪胀破坏。以上测试表明，砂性介质 3D 打印样品可以较好地模拟岩石脆性破坏特征，而 GP 样品则更适用于模拟具有大变形特征或蠕变特性的软岩。

3.5.5   3D 打印模型的室内表征

基于 3D 打印岩石类似物和注入汞的物理性质(如接触角、界面张力、密度等)，可以通过 Washburn 方程[77]计算得到岩心的孔径分布，再结合毛细管力、平均孔喉尺寸和 Swanson 方程[78]计算出渗透率。以疏松砂岩打印模型 S1 为例，3D 打印模型的压汞实验测试结果如图 3.31～图 3.33 所示。结果表明，3D 打印模型孔隙半径主要分布于 17～124μm，平均孔喉尺寸为 17.48μm。对模型渗透率贡献最大的孔隙主要分布于 61～120μm。存在大量 10μm 以下的微小孔隙，主要是模型打印及后处理阶段材料的热膨胀和收缩、尺度升级及基质材料中的微孔等原因造成。测试结果可为后续成形工艺优选和材料选择提供理论依据。

以孔隙度、孔径分布和渗透率三个主要的岩心物性参数为例，将打印模型的实验测试结果和数字岩心分析结果进行对比，同时与文献中研究结果进行对比，对比结果如表 3.6 所示。可以看出，本方法完成的 3D 打印模型与数字岩心相比：孔隙度偏差 0.25，渗透率偏差 0.32，平均孔径偏差 0.23。而文献[79]中的偏差分别为 1.97、0.76 和 0.04。从而验证了 3D 打印模型的可靠性，也为进一步的微观模型的打印及渗流物理模拟奠定了基础。

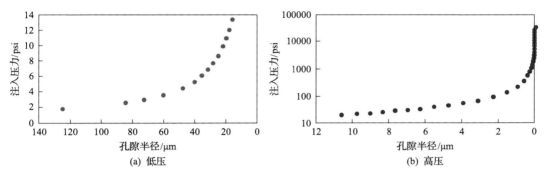

(a) 低压　　　　　　　　　　　(b) 高压

图 3.31　低压和高压的孔径分布曲线

低压范围介于 1.708～13.277psi，最小的孔隙捕捉尺寸大于 16.1μm；

高压范围介于 20.125～29820.812psi，孔隙尺寸捕捉范围小于 10μm；1psi=6.89476×10³Pa

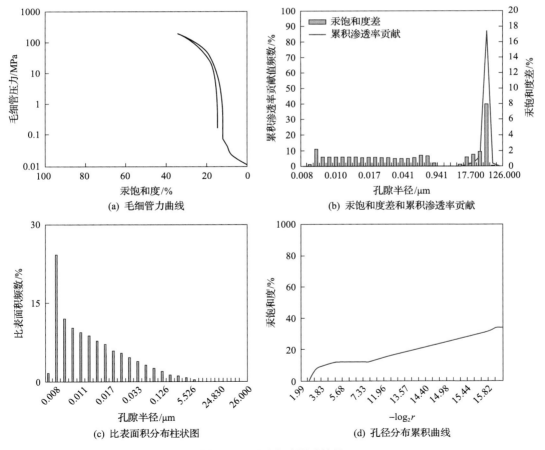

(a) 毛细管力曲线　　　　　　　　　　　(b) 汞饱和度差和累积渗透率贡献

(c) 比表面积分布柱状图　　　　　　　　　　　(d) 孔径分布累积曲线

图 3.32　压汞实验测试结果

r-孔径

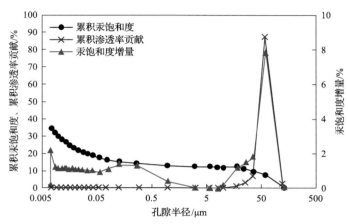

图 3.33 基于压汞实验数据的 3D 打印模型孔径分布推导

表 3.6 数字模型与 3D 打印模型的对比及文献交叉分析

对象	孔隙度/%	渗透率/mD	平均孔喉半径/μm
S1 数字岩心模型	20.8	889(PNM)	19.08
		1176(LBM)	
		1251(VBS)	
S13D 打印模型	18.6	851	17.48
数字岩心模型[79]	12.6	251.4	15.2
3D 打印模型[79]	37.5	443.2	15.8

注：PNM 表示孔隙网络模型；VBS 表示基于像素的求解器。

3.5.6 基于 3D 打印微观模型的可视化渗流实验

微观可视化渗流实验主要结合数字图像处理与分析技术实现孔隙尺度渗流过程的定性描述和定量表征。实验采用两台 WHB-Ⅱ型微流量平流泵(最低注入速度 0.001mL/min)分别进行驱替相和被驱替相流体的注入控制。采用高分辨率摄像探头，利用视频模式实现渗流过程的连续捕捉(也可以连续拍照记录整个过程)。实验流体采用模拟地层水(驱替相)与煤油(被驱替相)。为了提高渗流过程中两相界面的识别精度，分别采用次甲基蓝和苏丹染料将实验用水和油染成蓝色和红色，如图 3.34 所示。

(a) 油   (b) 水

图 3.34 实验流体

　　由于本节研究中模型为浅黄色，光源为白光，因此染成蓝色的水在图像中显示为绿色，油相为红色，骨架颗粒不透光为黑色。通过对获得的不同驱替状态下的油水分布图像的处理，分析流动过程中的微观力学机制。通过分割处理分别提取油相/水相面积可以计算束缚水饱和度、残余油饱和度和采收率等参数。

　　图 3.35 为两组模型不同驱替状态下的油水分布图像。利用多相分割技术，通过对不同驱替阶段油水分布图像的处理，可以提取并计算得到某一相流体的饱和度值。通过对多种图像分割处理算法的对比，本研究采用 HSV（表示色调、饱和度、透明度）色彩空间处理算法对油水分布图像进行分割，因为油相为红色，为了计算含油饱和度，以红色为阈值颜色，采用分割算法，通过多参数调整，完成对图像中红色油相的识别与提取，如图 3.36 所示。

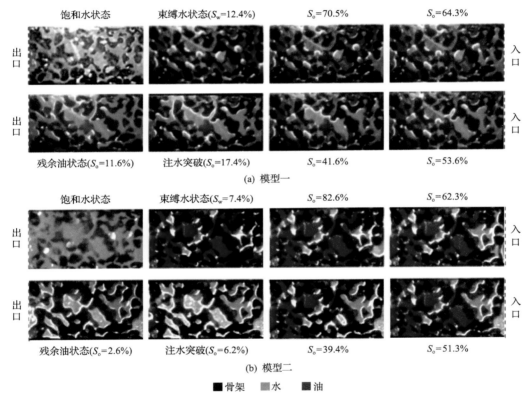

图 3.35　两组模型不同驱替状态下油水分布

S_w-含水饱和度；S_o-含油饱和度

　　从图 3.36 中可以看出，本研究采用的基于 HSV 色彩空间处理算法对于目标相结构的提取效果较好，基本实现了油相的分割。对于图像中不同相对比度较好的区域，分割效果相对更好（如部分对比度较好区域的喉道和孔隙盲端的微小油滴）；反之，对于部分曝光过度或曝光不足的区域，分割效果则欠佳（如图 3.36 左上角和左下角），可以采用结合魔棒工具的手动标定实现对分割效果较差区域的圈定，从而提高图像的整体分割精度。通过对不同驱替状态下油水分布图像的分割，计算得到的含油饱和度标注于图 3.36 中不

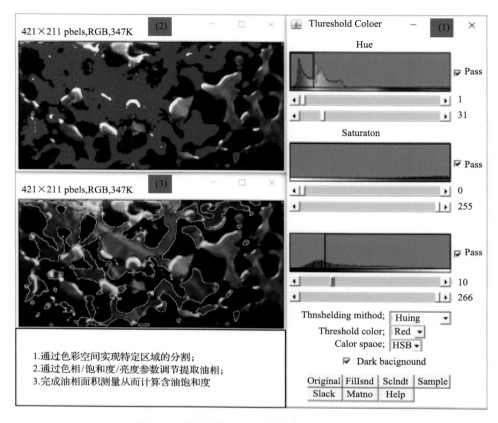

图 3.36   基于色彩空间分割的含油饱和度计算

同驱替状态下油水分布图像中。图 3.37 为两组实验含油饱和度随归一化驱替时间 (T^*) 的变化关系。其中归一化驱替时间定义为不同状态的绝对时间与注入水突破时间 (T_p) 的比值，以注入水前缘经过缓冲区域到达孔隙网络的时间为原点（即 $T=0$）。

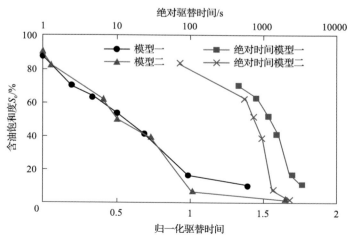

图 3.37   驱替过程中含油饱和度变化

　　从驱替过程油水分布图像可以看出，由于孔隙结构的非均质性，强亲油模型在驱替初期表现出明显的指进现象，即注入水沿中央连通大孔隙快速推进，而模型上下两边及角落处由于不能被注入水波及，油相在驱替初期基本没有动用，注入水突破后模型中还有很多剩余油区块，以孔隙盲端和小孔道控制的大片网络状剩余油为主。经润湿改性后的模型，驱替表现要更好。虽然早期仍有指进现象发生，但界面表现出相对稳定的驱替前缘，突破后仅在喉道和盲端孔隙中圈闭少量油块。

参 考 文 献

[1] 姚军, 赵秀才, 衣艳静, 等. 数字岩心技术现状及展望[J]. 油气地质与采收率, 2005, (6): 52-54.

[2] Arns C H. A comparison of pore size distributions derived by NMR and X-ray-CT techniques[J]. Physica A: Statistical Mechanics and Its Applications, 2004, 339(1-2): 159-165.

[3] Arns C H, Knackstedt M A, Pinczewski M V, et al. Accurate estimation of transport properties from microtomographic images[J]. Geophysical Research Letters, 2001, 28(17): 3361-3364.

[4] 孙建孟, 姜黎明, 刘学锋, 等. 数字岩心技术测井应用与展望[J]. 测井技术, 2012, 36(1): 1-7.

[5] Ghous A, Knackstedt M A, Arns C H, et al. 3D imaging of reservoir core at multiple scales: Correlations to petrophysical properties and pore scale fluid distributions[C]. International Petroleum Technology Conference, Kuala Lumpur, 2008.

[6] Jones A C, Arns C H, Hutmacher D W, et al. The correlation of pore morphology, interconnectivity and physical properties of 3D ceramic scaffolds with bone ingrowth[J]. Biomaterials, 2009, 30(7): 1440-1451.

[7] Knackstedt M A, Arns C H, Limaye A, et al. Digital core laboratory: properties of reservoir core derived from 3D images[C]. SPE Asia Pacific Conference on Integrated Modelling for Asset Management, Kuala Lumpur, 2004.

[8] Blunt M J, Jackson M D, Piri M, et al. Detailed physics, predictive capabilities and upscaling for pore-scale models of multiphase flow[J]. Advances in Water Resources, 2004, 8-12(25): 1069-1089.

[9] Al-Gharbi M S. Dynamic pore-scale modelling of two-phase flow[D]. London: Imperial College London, 2004.

[10] Youssef S, Bauer D, Han M, et al. Pore-network models combined to high resolution micro-CT to assess petrophysical properties of homogenous and heterogenous rocks[C]. International Petroleum Technology Conference, Kuala Lumpur, 2008.

[11] Lmberopoulos D P, Payatakes A C. Derivation of topological, geometrical and correlational properties of porous media from pore-chart analysis of serial section data[J]. Journal of Colloid and Interface Science, 1992, 150(1): 61-80.

[12] Vogel H J, Roth K. Quantitative morphology and network representation of soil pore structure[J]. Advances in Water Resources, 2001, 24(3-4): 233-242.

[13] Tomutsa L, Radmilovic V. Focused ion beam assisted three-dimensional rock imaging at submicron-scale[C]. Proceedings of International Symposium of the Society of Core Analysts, France, 2003.

[14] Tomutsa L, Silin D. Nanoscale Pore Imaging and Pore Scale Fluid Flow Modeling in Chalk[EB/OL]. (2004-08-19) [2021-10-12]. http://www.osti.gov/servlets/purl/840448.

[15] Tomutsa L, Silin D, Radmilovic V. Analysis of chalk petrophysical properties by means of submicron-scale pore imaging and modeling[J]. SPE Reservoir Evaluation&Engineering, 2007, 10: 285-293.

[16] Fredrich J T, Menendez B, Wong T F. Imaging the pore structure of geomaterials[J]. Science, 1995, 268: 276-279.

[17] Lauterbur P. Image formation by induced local interactions: Examples employing nuclear magnetic resonance[J]. Nature, 1973, 242: 190-191.

[18] Dunsmuir J H, Ferguson S R, D'Amico K L, et al. X-ray micro-tomography: A new tool for the characterization of porous media[C]. Proceedings of 66th Annual Technical Conference and Exhibition of the Society of Petroleum Engineers, Dallas, 1991.

[19] Rosenberg E, Lynch J, Gueroult P. High resolution 3D reconstructions of rocks and composites[J]. Oil & Gas Science and Technology, 1999, 54(4): 497-511.

[20] Arns C H. The influence of morphology on physical properties of reservoir rocks[D]. Sydney: The University of New South Wales, 2002.

[21] Coenen J, Tchouparova E, Jing X. Measurement parameters and resolution aspects of micro X-ray Tomography for advanced core analysis[C]. Proceedings of International Symposium of the Society of Core Analysts, 2004, AbuDhabi.

[22] 闫国亮, 孙建孟, 刘学锋, 等. 过程模拟法重建三维数字岩芯的准确性评价[J]. 西南石油大学学报(自然科学版), 2013, 35(2): 71-76.

[23] 屈乐. 基于低渗透储层的三维数字岩心建模及应用[D]. 西安: 西北大学, 2014.

[24] 高兴军, 齐亚东, 宋新民, 等. 数字岩心分析与真实岩心实验平行对比研究[J]. 特种油气藏, 2015, 22(6): 93-96.

[25] 李易霖, 张云峰, 丛琳, 等. X-CT 扫描成像技术在致密砂岩微观孔隙结构表征中的应用——以大安油田扶余油层为例[J]. 吉林大学学报(地球科学版), 2016, 46(2): 379-387.

[26] 郭雪晶, 何顺利, 陈胜, 等. 基于纳米 CT 及数字岩心的页岩孔隙微观结构及分布特征研究[J]. 中国煤炭地质, 2016, 28(2): 28-34.

[27] Joshi M. A class of stochastic models for porous media[D]. Lawrence: Lawrence Kansas University of Kansas, 1974.

[28] Quiblier J A. A new three-dimensional modeling technique for studying porous media[J]. Journal of Colloid and Interface Science, 1984, 98(1): 84-102.

[29] Adler P M, Jacquin C G, Quiblier J A. Flow in simulated porous media[J]. International Journal of Multiphase Flow, 1990, 16(4): 69-71.

[30] Ioannidis M, Kwiecien M, Chatzis I. Computer generation and application of 3-D model porous media from pore-level geostatistics to the estimation of formation Factor[C]. Proceedings of SPE Computer Conference, Houston, 1995.

[31] Hazlett R D. Statistical characterization and stochastic modeling of pore networks in relation to fluid flow[J]. Mathematical Geology, 1997, 29(6): 801-822.

[32] Yeong C L Y, Torquato S. Reconstructing random media.II. three-dimensional media from two-dimensional cuts[J]. Physical Review E Statistical Physics Plasmas Fluids & Related Interdisciplinary Topics, 1998, 58(1): 224-233.

[33] Biswal B, Manswarth C, Hilfer R, et al. Quantitative analysis of experimental and synthetic micro-structures for sedimentary rocks[J]. Physica A, 1999,273: 452-475.

[34] Oren P E, Bakke S. Process based reconstruction of sandstones and predictions of transport properties[J]. Transport in Porous Media,2002,46: 311-343.

[35] 赵秀才, 姚军, 陶军, 等. 基于模拟退火算法的数字岩心建模方法[J]. 高校应用数学学报 A 辑, 2007, 22(2): 127-133.

[36] Song S B. An improved simulated annealing algorithm for reconstructing 3D large-scale porous media[J]. Journal of Petroleum Science and Engineering, 2019, 182: 106343.

[37] Bryant S, Blunt M J. Prediction of relative permeability in simple porous media[J]. Physical Review A,1992,46: 2004-2411.

[38] Bakke S, Øren P E. 3-D pore-scale modeling of sandstones and flow simulations in the pore networks[J]. SPE Journal, 1997, 2(2): 136-149.

[39] Øren P E, Bakke S. Reconstruction of Berea sandstone and pore-scale modelling of wettability effects[J]. Journal of Petroleum Science and Engineering, 2003, 39(3-4): 177-199.

[40] Coehlo D, Thovert J F, Adler P M. Geometrical and transport properties of random packings of spheres and aspherical particles[J]. Physical Review E, 1997, 55: 1959-1978.

[41] Pillotti M. Reconstruction of clastic porous media[J]. Transport in Porous Media,2000, 41(3): 359-364.

[42] 刘学锋, 孙建孟, 王海涛, 等. 顺序指示模拟重建三维数字岩心的准确性评价[J]. 石油学报, 2009, 30(3): 391-395.

[43] Liu T, Jin X, Wang M. Critical resolution and sample size of digital rocks for unconventional resources[J]. Energies, 2018, 11(7): 1798.

[44] Liu T, Wang M. Critical REV size of multiphase flow in porous media for upscaling by pore-scale modeling[J]. Transport in Porous Media, 2021, 144: 111-132.

[45] Lin W, Yang Z M, Li X Z, et al. A method to select representative rock samples for digital core modeling[J]. Fractals-Complex Geometry Patterns and Scaling in Nature and Society, 2017, 25(4):1740013.

[46] 赵秀才. 数字岩心及孔隙网络模型重构方法研究[D]. 东营: 中国石油大学, 2009.

[47] 刘向君, 朱洪林, 梁利喜. 基于微 CT 技术的砂岩数字岩石物理实验[J]. 地球物理学报, 2014, 57(4):1133-1140.

[48] 赵秀才, 姚军, 房克荣. 合理分割岩心微观结构图像的新方法[J]. 中国石油大学学报(自然科学版), 2009, 33(1): 64-67.

[49] Mandelbrot B B. The Fractal Geometry of Nature[M]. New York: W H Freeman. 1982.

[50] Thompson A H, Katz A J, Krohn C E. The microgeometry and transport properties of sedimentary rock[J]. Advance in Physics, 1987, 36(5): 625-694.

[51] Krohn C E, Thompson A H. Fractal sandstone pores: Automated measurements using scanning-electron-microscope images[J]. Physical Review B, 1986, 33(9): 6366-6374.

[52] Yu B M, Li J H. Some fractal characters of porous media[J]. Fractals, 2001, 9(3): 365-372.

[53] Lin W, Li X Z, Yang Z M, et al. A new improved threshold segmentation method for scanning images of reservoir rocks considering pore fractal characteristics[J]. Fractals-Complex Geometry Patterns and Scaling in Nature and Society, 2018, 26(2): 1840003.

[54] 田娟, 郑郁正. 模板匹配技术在图像识别中的应用[J]. 传感器与微系统, 2008, (1): 112-114.

[55] 何东健. 数字图像处理[M]. 西安: 西安电子科技大学出版社, 2015.

[56] 贾永红. 数字图像处理[M]. 武汉: 武汉大学出版社, 2015.

[57] Lin W, Li X Z, Yang Z M, et al. Multiscale digital porous rock reconstruction using template matching[J]. Water Resources Research, 2019, 55(8): 6911-6922.

[58] 刘学锋, 张伟伟, 孙建孟. 三维数字岩心建模方法综述[J]. 地球物理学进展, 2013, 28(6): 3066-3072.

[59] Lin W, Li X Z, Yang Z M, et al. Modeling of 3D rock porous media by combining X-ray CT and Markov Chain Monte Carlo[J]. Journal of Energy Resources Technology -Transactions of the ASME, 2020, 142(1): 013001.

[60] 王晨晨, 姚军, 杨永飞, 等. 基于格子玻尔兹曼方法的碳酸盐岩数字岩心渗流特征分析[J]. 中国石油大学学报(自然科学版), 2012, 36(6): 94-98.

[61] 王晨晨, 姚军, 杨永飞, 等. 碳酸盐岩双孔隙数字岩心结构特征分析[J]. 中国石油大学学报(自然科学版), 2013, 37(2): 71-74.

[62] Lin W, Li X Z, Yang Z M, et al. Construction of dual pore 3D digital cores with a hybrid method combined with physical experiment method and numerical reconstruction method[J]. Transport in Porous Media, 2017, 120(1): 227-238.

[63] Liu H, Valocchi A J, Werth C, et al. Pore-scale simulation of liquid CO_2 displacement of water using a two-phase lattice Boltzmann model[J]. Advances in Water Resources, 2014, 73: 144-158.

[64] 郭照立, 郑楚光. 格子 Boltzmann 方法的原理及应用[M]. 北京: 科学出版社, 2009.

[65] Gu Q, Liu H, Zhang Y. Lattice Boltzmann simulation of immiscible two-phase displacement in two-dimensional berea sandstone[J]. Applied Sciences, 2018, 8(9): 1497.

[66] Blunt M J. Physically-based network modeling of multiphase flow in intermediate-wet porous media[J]. Journal of Petroleum Science & Engineering, 1998, 20(3-4): 117-125.

[67] Blunt M J, Branko B, Dong H, et al. Pore-scale imaging and modelling[J]. Advances in Water Resources, 2013, 51(1): 197-216.

[68] 李东. 低温 3D 打印技术联合冷冻干燥法制备 SF/COL/nHA 仿生骨组织工程支架及其性能的研究[D]. 天津: 天津医科大学, 2016.

[69] Liu P, Ju Y, Ranjith P G, et al. Visual representation and characterization of three-dimensional hydrofracturing cracks within heterogeneous rock through 3D printing and transparent models[J]. International Journal of Coal Science and Technology, 2016, 3(3): 284-294.

[70] Ju Y, Wang L, Xie H P, et al. Visualization and transparentization of the structure and stress field of aggregated geomaterials through 3D printing and photoelastic techniques[J]. Rock Mechanics and Rock Engineering, 2017, 50(6): 1383-1407.

[71] Ishutov S, Hasiuk F J, Jobe D, et al. Using resin-based 3D printing to build geometrically accurate proxies of porous sedimentary rocks[J]. Ground Water, 2017, 56(3): 482-490.

[72] Jiang Q, Feng X, Song L, et al. Modeling rock specimens through 3D printing: tentative experiments and prospects[J]. Acta Mechanica Sinica, 2016, 32(1): 101-111.

[73] Head D, Vanorio T. Effects of changes in rock microstructures on permeability: 3D printing investigation[J]. Geophysical Research Letters, 2016, 43(14): 7494-7502.

[74] 管丽梅, 詹洪磊, 祝静, 等. 3D 打印技术在油气资源评价中的应用及展望[J]. 物理与工程, 2017, 27(1): 77-83.

[75] Ishutov S. 3D printing porous replicas as a new tool for laboratory and numerical analyses of sedimentary rocks[D]. Iowa: Iowa State University, 2017.

[76] 徐文鹏. 3D 打印中的结构优化问题研究[D]. 合肥: 中国科学技术大学, 2016.

[77] Washburn E W. The dynamics of capillary flow[J]. Physical Review, 1921, 17: 273-283.

[78] Swanson B F. A simple correlation between permeabilities and mercury capillary pressures[J]. Journal of Petroleum Technology, 1981, 33: 2498-2504.

[79] Ishutov S, Hasiuk F J, Fullmer S M, et al. Resurrection of a reservoir sandstone from tomographic data using three-dimensional printing[J]. AAPG Bulletin, 2017, 101: 1425-1443.

第 4 章 超低渗透油藏渗吸驱油机理研究

致密油作为全球非常规石油勘探开发的亮点领域,已成为中国各大油区增储上产的重要接替资源[1-3]。美国能源信息署 2013 年预测全球致密油可采储量为 473 亿 t,预计到 2035 年致密油产量将占原油总产量的 45%[4]。中国致密油资源丰富,初步预测中国陆上主要盆地致密油分布面积达 50 万 km²,地质资源量大约为 200 亿 t,技术可采资源量为 20 亿~25 亿 t。目前,虽然利用水平井和体积压裂改造技术实现了致密油的初期规模动用,但致密储层整体采出程度低于 10%,急需研发新技术来有效开发致密储层资源[5-7]。长庆、大庆和吉林等油田开展了致密油注水吞吐矿场试验,取得了一些进展,同时也暴露出一些问题,这些问题的解决有利于对致密储层渗吸机理的深入了解。致密储层微裂缝发育,通常通过大规模体积压裂措施提高产能,使孔隙、微裂缝、人工裂缝形成的网络系统更为复杂,同时裂缝与基质间渗流能力差异巨大,注入水极易沿裂缝发生水窜,导致基质内富集大量剩余油,注水开发效果差。如何有效发挥裂缝与基质之间的渗吸作用,提高基质内原油的动用程度,已成为提高致密储层开发效果的重要问题[8-12]。

渗吸是多孔介质自发吸入某种润湿流体的过程[13-16]。举例来说,如果所研究的油藏岩石是亲水的,水将沿着较细小的孔喉侵入基质岩块中,吸进的水把原油从低渗透基质岩块中沿着较大的孔喉驱替出来。裂缝油被驱出后将为注入水所补偿,由于毛细管渗吸作用,水可以将基质岩块中更多的原油置换和驱替到裂缝系统中。而超低渗透油藏之所以能够开发,与其中存在的裂缝系统有关。基质岩块起到储油作用,而裂缝起到导油作用。在超低渗透油藏中水驱油的主要机理是通过渗吸作用促使裂缝中的水吸入基质,置换原油而进行采油的,因此,对于超低渗透油藏来说,研究渗吸机理显得尤为重要。但是渗吸效果的影响因素有多种[17,18],本章利用自发渗吸、动态渗吸及大模型渗吸实验方法,系统开展了渗吸效果影响因素研究。

4.1 超低渗透油藏小岩心自发渗吸物理模拟实验方法

采用自发渗吸物理模拟实验装置(图 4.1),开展超低渗透油藏岩心自发渗吸实验[19],首先研究渗吸时间对渗吸驱油效果的影响,其次重点研究裂缝(图 4.2)对渗吸采油效果的影响,分析裂缝对渗吸驱油的影响机理。

在实验过程中为了保证岩心发生同向渗吸,对岩心侧面使用环氧树脂进行密封处理,具体的渗吸实验操作步骤如下:①首先将岩心放入 60℃恒温干燥箱进行干燥直至岩心质量不再变化或变化很小;②在实验前测量并记录岩心和岩心夹持器的初始质量;③利用岩心夹持器固定岩心,然后将其挂至天平下端挂钩,等待其稳定不动;④调整升降台使平面皿中水上升接触岩心下表面,同时利用与天平连接的计算机采集系统进行数据采集；⑤实验结束后，称量并记录岩心和岩心加持器的质量；⑥对实验数据进行处理，绘制岩心渗吸累积增重质量随时间的变化曲线。

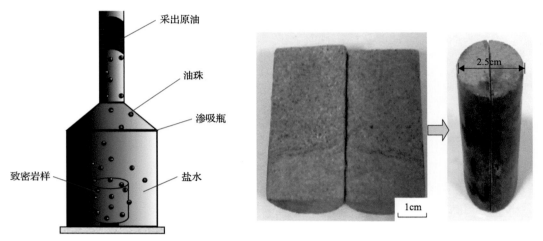

图 4.1　自发渗吸装置图　　　　　　　图 4.2　人工裂缝示意图

为了探究自发渗吸实验过程中岩心的渗吸状态，设计了定时计量渗吸采出原油实验方案。对比了基质岩心和含裂缝岩心渗吸采出程度的差异。

渗吸采出程度为渗吸采出油量占原始总饱和油量的百分比。从图 4.3 可以看出：岩心在逆向渗吸过程中，渗透率越低，渗吸平衡时间越长，采出程度越低，且油滴析出较晚；随着渗透率的增大，渗吸速度、渗吸采出程度均同步提高。中高渗透岩心到达渗吸平衡时间最短，特低渗透岩心次之，超低渗透岩心所需时间最长。

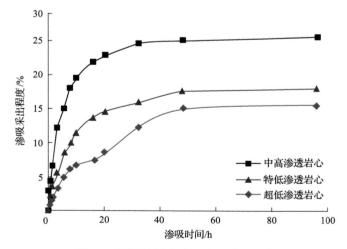

图 4.3　不同渗透率岩心渗吸采出程度

从图 4.4 可以看出，裂缝可以有效增加岩心的渗吸质量，可以促进岩心的渗吸作用，且在实验后我们发现含有裂缝的岩心被水润湿的体积比不含裂缝岩心大，含裂缝岩心的去离子水通过裂缝上升至岩心上表面发生渗吸，增强岩心的渗吸能力，但是可能由于岩心的孔渗特征及矿物成分有所差别，裂缝的作用大小不同。

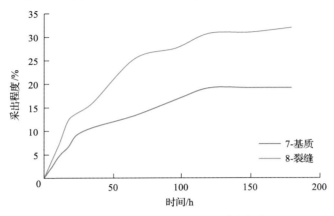

图 4.4　基质与裂缝岩心渗吸采出程度

4.2　超低渗透油藏小岩心动态渗吸物理模拟实验方法

本节以水驱油实验为基础，结合核磁共振技术形成两相渗流机理研究的一种新的实验方法，如图 4.5 和图 4.6 所示。可以定量分析水驱油过程中驱替及渗吸作用的贡献。

亲水油藏水驱油过程中，毛细管力是渗吸的主要动力，水驱油微观图像证实毛细管力主要排驱大孔道壁面附近和小孔道内的原油，而驱替压力主要驱动大孔道中部的原油，如何定量评价渗吸作用的大小，目前未见相关文献。因此，本节结合核磁共振谱图和水驱油物理模拟实验，构建水驱油时渗吸作用大小的定量评价方法。

核磁共振谱图中的横向弛豫时间 T_2 是流体传递能量大小的特征参数，在小孔道和大孔道壁面处的流体 T_2 值小，而在大孔道中部的流体 T_2 值大，因此可以用一个 T_2 截止值把核磁共振谱图分开，左边部分表示小孔道和大孔道壁面处的流体信号，右边部分表示

图 4.5　水驱油实验系统

图 4.6　核磁共振测试设备

大孔道中部的流体信号。选取岩心进行驱油实验，并测试饱和水、束缚水、水驱油结束等状态下的核磁共振信号，做出相应的核磁共振谱图(图 4.7)，计算渗吸采出量和驱替采出量，进而定量评价渗吸和驱替作用的大小。

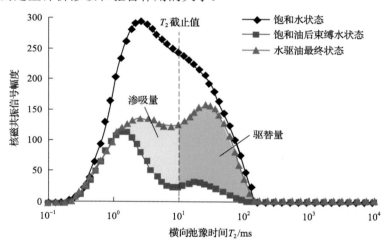

图 4.7　动态渗吸测试原理图

实验步骤：①将烘干的岩心抽真空饱和水，完成第 1 次核磁共振谱图测试，得到整个岩心的流体分布(饱和水状态)；②将饱和水的岩心用去氢模拟油(核磁共振中没有信号)驱替，建立束缚水饱和度，完成第 2 次核磁共振谱图(饱和油后束缚水状态)测试，第 1 次和第 2 次所得两条核磁测试曲线所包围的面积为饱和油的分布状态；③再用水驱替模拟油至不产油，得到残余油饱和度场，完成第 3 次核磁共振谱图(水驱油最终状态)测试。由实验过程可知，第 3 次和第 2 次核磁共振谱图的差值即采出油(图 4.7 中黄色和蓝色部分面积之和)，T_2 截止值的右边为大孔道中部采出的流体，是通过驱替作用采出的；T_2截止值的左边为小孔道和大孔道壁面处采出的流体，是通过渗吸作用采出的，可见通过核磁共振谱图可定量评价驱替采出程度和渗吸采出程度。

根据上述方法,测试了长庆油田长 7 区块致密储层 32 块岩心的水驱油核磁共振谱图 (图 4.8),其中渗透率大于 1.0mD 的岩心 2 块,0.3~1.0mD 的岩心 4 块,0.1~0.3mD 的岩心 11 块,小于 0.1mD 的岩心 15 块。从图 4.8 中可以看出,驱替采出程度随渗透率的降低而降低,渗吸采出程度随渗透率的降低而增大,说明水驱油条件下,渗透率越低,渗吸作用越明显。

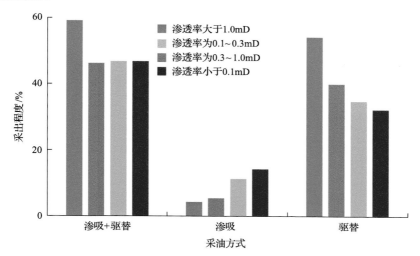

图 4.8　不同渗透率岩心渗吸和驱替采出程度变化规律

应该指出的是,水驱油条件下的渗吸是顺向渗吸,而不是注水吞吐条件下的逆向渗吸。顺向渗吸的作用大小主要表现为水的渗入能力的强弱,即渗透率越小,毛细管半径越小,毛细管力越大,渗吸作用越强,渗吸采出程度越高。

4.3　动态渗吸与静态渗吸在线核磁实验过程

4.3.1　实验样品与设备

由于渗吸实验相较于驱替实验的采出程度更低,岩心内部流体分布变化相对更少,同时由于致密岩心本身孔隙度较低,所含流体较少,选用孔渗特性较为均一的露头岩样,以保证实验数据的可对比性。实验选用岩心为 C 储层露头岩样,选取 0.3mD 和 0.9mD 两种渗透率共 13 块岩心,实验岩心各项参数见表 4.1。

使用无核磁信号的特制支撑条用于支撑岩心中央的人工裂缝,使其在高压条件下保持开启。使用二甲基二氯硅烷的乙醇溶液,用于改变岩心的润湿性。实验用油选用煤油,25℃下黏度为 2.20mPa·s,密度为 0.80g/cm^3。蒸馏水加盐配制 5×10^4mg/L 的模拟地层水,用于测岩心饱和水后的核磁信号。氘水加盐配制 5×10^4mg/L 的模拟地层水,作为第一种渗吸介质。使用纳米驱油剂 N1 作为添加剂,用氘水配制的模拟地层水配制质量分数为 1%的纳米驱油剂溶液(简称纳米液),作为第二种渗吸介质。将两种渗吸介质分别加入带活塞的中间容器中。实验设备主要使用 PC-1.2WB 离心机、MacroMR12 在线核磁共振设备，以及 Quizix Q5000 驱替泵。

表 4.1　渗吸实验岩心参数表

编号	长度/cm	直径/cm	渗透率/mD	孔隙度/%	处理方式	渗吸介质	驱替速度/(mL/min)
A	5.035	2.494	0.936	15.022	原始状态	氘水	0.05
B	5.031	2.458	0.298	9.732	原始状态	氘水	0.05
C	5.042	2.496	0.944	14.949	原始状态	纳米液	0.05
D	5.042	2.496	0.803	15.155	原始状态	氘水	0.2
E	5.036	2.496	0.998	14.959	润湿性改性	氘水	0.05
F	5.043	2.495	1.05	15.132	润湿性改性	纳米液	0.05
G	5.052	2.492	0.925	15.045	原始状态		
H	5.04	2.495	0.918	15.04	原始状态	氘水	静态渗吸
I	5.037	2.451	0.262	9.968	原始状态	氘水	静态渗吸
J	5.038	2.505	0.866	15.494	原始状态	纳米液	静态渗吸
K	5.04	2.496	0.929	15.153	润湿性改性	氘水	静态渗吸
L	5.043	2.496	0.898	15.039	润湿性改性	纳米液	静态渗吸
M	5.036	2.459	0.293	9.876	原始状态		

4.3.2　实验流程

首先选取两种不同渗透率的岩样，钻取岩心，进行标号，之后测试长度、直径、渗透率、孔隙度等物性参数。挑选孔渗特性接近的岩心，0.3mD 级别的选取 3 块，0.9mD 级别的选取 10 块。将所有岩心编号为 A～M（表 4.1），在实验关键节点进行拍照。对岩心 G 和岩心 M 进行饱和水离心核磁测试，测试可动流体 T_2 截止值，用于代表两个渗透率级别岩心的 T_2 截止值。将岩心 A～F 沿轴向中线进行切割，制造一条宽度为 1mm 的人工裂缝。将切割后的岩心放入烘箱烘干 24h。将岩心 E、F、K、L 抽真空加压饱和二甲基二氯硅烷的乙醇溶液，24h 后将岩心取出进行烘干，制成油湿岩心。将岩心 A～F 和 H～L 抽真空加压饱和模拟地层水，加压饱和 24h。之后将饱和水的岩心依次取出放入在线核磁共振设备中，升温至 60℃，测试岩心饱和水状态下的 T_2 谱、MRI 图像及分层 T_2 数据，磁共振成像方向都选取冠状面。将岩心 A～F 和 H～L 放入烘箱进行烘干，24h 后取出，进行抽真空加压饱和氘水配制的模拟地层水，加压饱和 24h。A～F 岩心中央的人工裂缝用聚四氟乙烯带密封，之后对岩心 A～F 和 H～L 进行驱替饱和油，设定驱替流速为 0.03mL/min，驱替量为 10PV。对于饱和油的岩心老化 150d，让岩心内部润湿性尽可能模拟原始储层状态。随后将岩心分为两组，分别进行动态渗吸与静态渗吸实验。

（1）动态渗吸实验。依据表 4.1 中的实验安排对岩心 A～F 进行动态渗吸实验。实验前取下岩心中间的聚四氟乙烯带，用 5 根支撑条将中央的人工裂缝支起，岩心外围用聚四氟乙烯带缠绕使其成为一体(图 4.9)。将岩心 A 裂缝对齐冠状面的角度放入在线核磁设备夹持器中，升温至 60℃，测试岩心饱和油状态下的 T_2 谱、MRI 图像及分层 T_2 数据。之后开始用氘水驱替，设定驱替速度 0.05mL/min，回压设定为 10MPa，围压跟踪模式高于注入端 3MPa。开始计时，同时通过各类传感器记录流量、注入量、压力等参数，出口端用高精度天平记录驱出流体量。随后在不同的渗吸时间下采集岩心的 T_2 谱、MRI 图像及分层 T_2 数据。等渗吸采出程度基本不变时，停止实验。随后对岩心 B～F 依次选用其对应的驱替速度和渗吸介质，重复以上动态渗吸实验步骤。

图 4.9　处理完成的动态渗吸实验岩心

(2)静态渗吸实验。依据表 4.1 中的实验安排对岩心 H～L 进行静态渗吸实验。将岩心 H 放入在线核磁设备夹持器中，测试岩心饱和油状态下的 T_2 谱与 MRI 图像。随后取出岩心 H，为与动态渗吸实验进行对比，将岩心与动态渗吸岩心同样横置放入渗吸介质中进行自发渗吸实验。随后在不同的渗吸时间下，将岩心 H 放入核磁设备测试不同状态的 T_2 谱与 MRI 图像。岩心 I～L 重复以上静态渗吸实验步骤，各岩心渗吸实验过程中交替使用核磁设备进行测试。当岩心渗吸采出程度不再变化时，实验结束。

4.3.3　渗吸岩心初始状态分析

初始状态的核磁动态润湿指数与原位黏度如表 4.2 所示。实验岩心在原始的润湿性上，基本属于中性润湿，4 块岩心(E、F、K、L)经过二甲基二氯硅烷改性后 3 块变为油湿岩心，1 块变为弱油湿岩心。经过老化 150d 后，油充分与岩石接触，在润湿性上能够模拟实际储层。

表 4.2　实验岩心饱和油后润湿性

编号	动态润湿指数 I_{DW}	润湿性
A	−0.03	中性润湿
B	−0.1	中性润湿
C	−0.02	中性润湿
D	−0.01	中性润湿

编号	动态润湿指数 I_{DW}	润湿性
E	−0.31	油湿
F	−0.27	弱油湿
H	−0.04	中性润湿
I	−0.1	中性润湿
J	−0.07	中性润湿
K	−0.36	油湿
L	−0.31	油湿

通过对岩心 G 和 M 进行可动流体 T_2 截止值测试，得出 0.3mD 级别的岩心 T_2 截止值为 5.34ms，0.9mD 级别的岩心 T_2 截止值为 7.05ms。实验岩心饱和水后的核磁 T_2 谱和岩心孔隙结构如图 4.10 所示，可以看出同一渗透率级别的露头岩心核磁 T_2 谱形态十分接近，这表明岩心之间的孔隙结构非常一致，是较好的平行样，后续实验数据变化有较为可信的对比度。岩心以纳米级和亚微米级孔隙为主，与岩心 C 致密储层岩心孔隙分布较为接近。

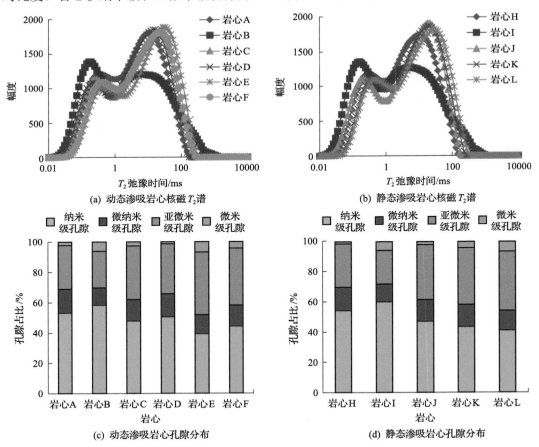

(a) 动态渗吸岩心核磁 T_2 谱 (b) 静态渗吸岩心核磁 T_2 谱

(c) 动态渗吸岩心孔隙分布 (d) 静态渗吸岩心孔隙分布

图 4.10　实验岩心饱和水后的核磁 T_2 谱与孔隙分布

岩心初始含油饱和度如图 4.11 所示，实验岩心饱和油后含油饱和度与真实储层对比，0.3mD 级别岩心与储层实际情况较为接近，0.9mD 级别岩心含油饱和度略高。

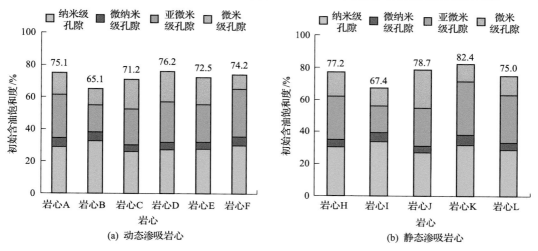

(a) 动态渗吸岩心　　　　　　　　　　(b) 静态渗吸岩心

图 4.11　实验岩心饱和油后含油饱和度

动态渗吸与静态渗吸实验不设时间上下限，若一段足够长时间后，采出程度没有明显变化，即停止此岩心的渗吸实验。对应实验条件的岩心 A 动态渗吸与岩心 H 静态渗吸的核磁 T_2 谱分别如图 4.12 和图 4.13 所示。相较于水驱实验，渗吸实验谱线在单位时间内变化极小，表明渗吸采油的开采速度较低，渗吸介质在岩石基质中的波及扩展极为缓慢。

通过核磁数据计算岩心渗吸过程中采出程度的变化，如图 4.14 和图 4.15 所示。图 4.15 孔隙渗吸采出程度对比中，动态渗吸岩心选用其最终时刻的状态，静态渗吸岩心选用与动态渗吸相近时间的状态。整体上，各岩心的渗吸采出程度随渗吸时间的增加明显呈前期快、后期平缓的趋势，仅拐点的时间不同。分析影响渗吸的几个关键因素，首先，渗透率较高的 0.9mD 级别岩心 A 和 H 的渗吸采出程度高于平行样 0.3mD 级别的岩心 B 和 I，

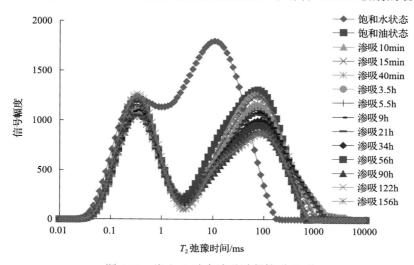

图 4.12　岩心 A 动态渗吸过程核磁 T_2 谱

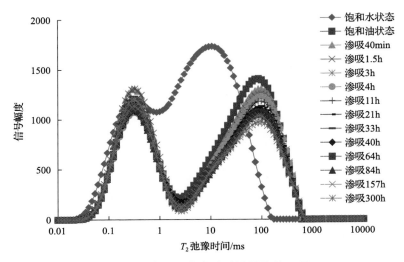

图 4.13 岩心 H 静态渗吸过程核磁 T_2 谱

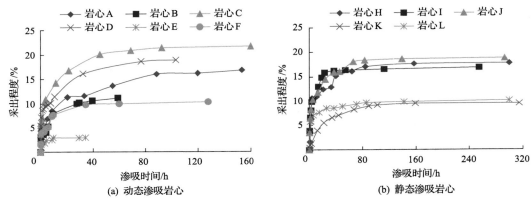

(a) 动态渗吸岩心

(b) 静态渗吸岩心

图 4.14 岩心渗吸采出程度

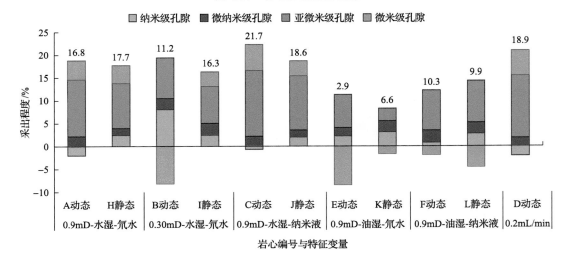

图 4.15 岩心各孔隙渗吸采出程度对比

平均高 25.5%。对于渗吸采油岩心的孔渗特性起到了决定性作用，岩心 B 和 I 由于孔喉更加狭小，喉道的贾敏效应等也随之加强，渗流阻力也随之增强。考虑岩心 B 的润湿性介于中性润湿和弱油湿之间，孔渗降低对于毛细管力的增强作用较低，因而岩心渗吸采出程度随着孔渗的降低而降低。

实验中润湿性对渗吸程度的影响非常明显，由于经过二甲基二氯硅烷改性后，岩心 E、F、K、L 都被改为油湿岩心，不利于渗吸采油。从 4 块平行样的采出程度计算可以得出，中性润湿致密岩心是油湿岩心渗吸采出程度的 2.8 倍。其原因是渗吸介质进入油湿岩心后，水难以借助毛细管力进入小孔隙，只能通过较大孔道的中央部分，难以发挥渗吸效果。同时，油湿岩石的拐点明显比中性润湿的岩心拐点提前，说明油湿储层的渗吸采油潜力更差，渗吸介质难以深入，较早地进入了瓶颈期。

对比渗吸介质对渗吸效果的影响，实验中岩心 C 与 J 分别是动态渗吸和静态渗吸实验中渗吸采出程度最高的岩心，相较于平行样岩心 A 与 H 平均提升了 17%。说明 N1 纳米驱油剂能够有效降低渗流阻力，进入常规水难以进入的纳米级孔隙，从而提升渗吸采出程度。对比岩心 A 与 D 分析动态渗吸过程中驱替速度的影响，可以得出提高水驱速度后渗吸采出程度提高了 12.3%。同时岩心前 2h 的采出程度增加速度明显增加，说明主裂缝中的流速由 0.05mL/min 加快到 0.2mL/min 有助于加强渗吸介质更好地借助毛细管力进入近裂缝地带，同时有助于将渗吸采出的油尽快带离。

分析不同孔隙中的采出程度可以得出渗吸采油贡献量最大的是 0.1～1μm 的亚微米级孔隙，其平均占到了 67%。有 5 块岩心的微米级孔隙在渗吸过程中的采出程度是负值，表明渗吸过后这部分孔隙中的油不仅没有减少反而其中的部分束缚水被油置换了。这 5 块岩心除岩心 B 以外的润湿性都是油湿的，岩心 B 也是中性偏弱亲油的，说明亲油岩心在渗吸过程中，部分油被渗吸置换出来，部分则在大孔隙中进行了重新分布，借助亲油的孔隙壁面将其中的束缚水剥离出来，导致大孔隙中采出程度呈负增长。

对比动态渗吸与静态渗吸，可以得出在氘水的渗吸环境下静态渗吸效果好于动态渗吸；而从岩心 C、J、F、L 对比来看，纳米液在动态渗吸的采出程度上相较于静态渗吸要高，说明主裂缝中纳米液的流动有助于发挥毛细管力的作用，从而提升渗吸采出程度。相反，在不流动的环境中，通过渗吸置换出的油滴和纳米剂产生了堵集效应，反而渗吸效果不如氘水的渗吸效果。

岩心动态渗吸采出程度与注入量的关系如图 4.16 所示。对比岩心 A 与 D 可以看出，

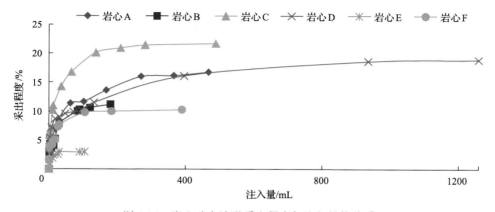

图 4.16 岩心动态渗吸采出程度与注入量的关系

在同样的注入量下二者的渗吸采出程度基本相同，后续注入量增加，使得岩心 D 的渗吸采出程度高于岩心 A。足够的注入量是动态渗吸采出程度的基本保证，特别是注入量为前 10PV 左右过程中，采出的油量占总采出油量的 50%～90%。注入足够的渗吸介质，能够充分发挥裂缝与基质间的交渗流动作用，从而快速采出近裂缝地带的油。

渗吸过程中岩心内残余油饱和度的变化如图 4.17 和图 4.18 所示。对应着采出程度曲线，岩心内的油前期下降较快，后期变化缓慢。决定岩心内残余油饱和度的主要是渗吸采出程度，但初始含油饱和度很大程度上影响了渗吸采油后储层后续开发的潜力。例如，油湿岩心的残余油饱和度相比于中性润湿岩心要高，一方面原因是油湿渗吸采油的效果不够好，另一方面原因是油湿岩心在原始充注饱和的过程中充注进了更多的油，这就为后续提高采出程度提供了潜力。后续的开发上可以使用表面活性剂、无机盐等进行润湿性改性等措施，充分发挥毛细管力吸水排油的效果。

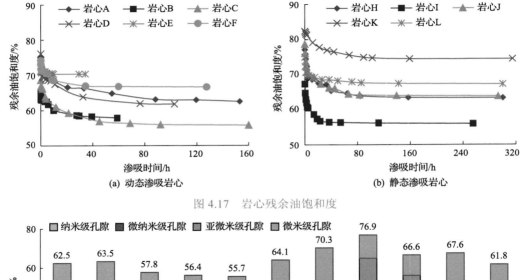

图 4.17　岩心残余油饱和度

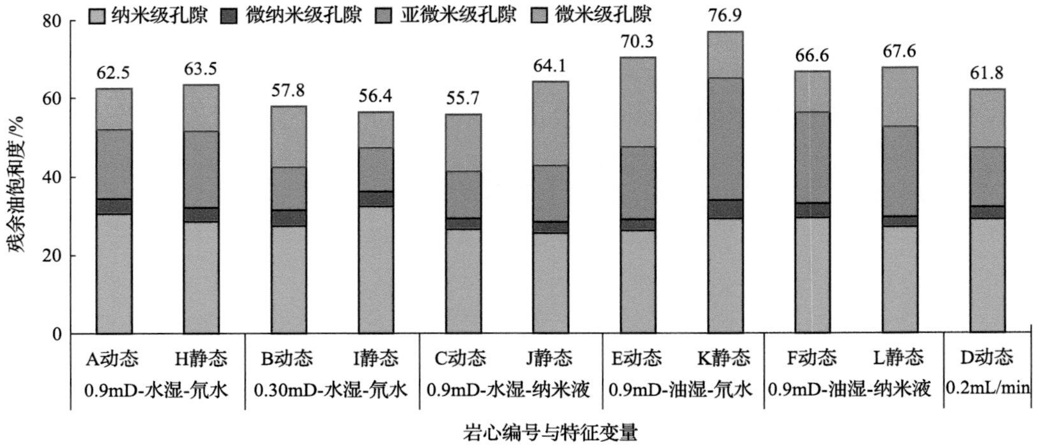

图 4.18　岩心各孔隙残余油饱和度对比

在动态与静态渗吸过程中对岩心进行核磁共振成像，选取典型时间间隔的成像图片，如图 4.19 和图 4.20 所示。成像方向皆为冠状面，动态渗吸图像中注入介质从左侧注入。图像越亮的部分代表含油越多，从 MRI 图像上可以看出各岩心的采油状况与图 4.13 和图 4.19 的核磁 T_2 谱所计算的结果相对应。随着渗吸时间的增加，每块岩心从图像上看

图 4.19　岩心动态渗吸过程中核磁共振成像

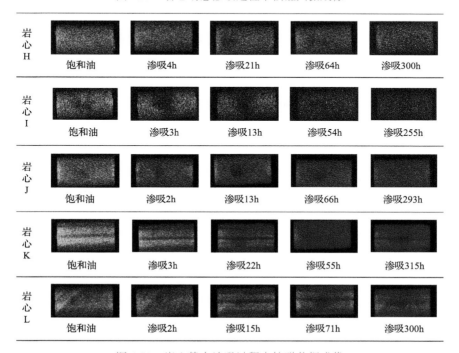

图 4.20　岩心静态渗吸过程中核磁共振成像

亮度逐渐降低,即岩心中残余油不断减少。初始含油饱和度最高的岩心 K 在饱和油状态下亮度明显高于其他岩心,而孔隙度更低的岩心 B 和 I 在渗吸后图像亮度明显低于其余岩心。使用纳米驱油剂进行动态渗吸的岩心 C 采出程度最高,从图像上看残余油明显更少。相比于油湿岩心,中性润湿岩心渗吸前后的变化更加明显。

对比岩心 E、F 与岩心 A。岩心 A 的主裂缝在渗吸的中间状态有渗吸出的油滞留,随着注入介质不断驱替,到后期 156h 时,主裂缝中的油基本被驱替干净。除岩心 D 外,在其余动态渗吸岩心主裂缝两侧都存在部分油滴基团,其在图像上表现为高亮点。这表明部分从基质渗吸到主裂缝的原油并没有随注入介质被驱出,而是吸附于裂缝两侧。其原因主要是部分亲油矿物表面对油滴的吸附,以及不存在将油滴剥离的动力。岩心 D 不仅不存在这一情况,而且其裂缝附近基质中的油明显被采出得更多,直到 105h 后,岩心整体基质中的含油分布才趋于均匀分布。岩心 D 的驱替速度为 0.2mL/min,是其他岩心驱替速度的 4 倍,这表明提升驱替速度后,确实有利于将渗吸出的油滴剥离并使其尽快沿主裂缝驱出。润湿性还会影响渗吸之后的油水分布,可以看出中性润湿的岩心在渗吸过后残余油在岩心中分布较为均匀,而油湿岩心在渗吸过程中内部始终存在一些强亲油部分,这部分从磁共振成像上来看表现为高亮条带。这些高亮条带不会随渗吸的进行变暗,说明这部分渗吸介质从未进入过,加入表面活性剂等改变这些部位的润湿性将能够有效提高亲油储层的渗吸采收率。

岩心 B 和 E 由于受支撑条的应力不均匀,在加压后出现了新的裂缝,可以看到岩心 B 渗吸前期新裂缝中充满了渗吸出的油,后期这些油则逐渐从主裂缝中被置换出。岩心 E 由于改性为强亲油状态,渗吸出的油受吸附力影响聚积于裂缝中,难以被动用,这一现象在油湿岩心 E 与 F 中愈发明显。这部分不在原始实验设计中的状况,说明了润湿程度是有效渗吸的基础,而丰富的裂缝系统是充分发挥渗吸采油的保障。

静态渗吸过程中,可以看出岩心 J、L 中的油不仅仅是从基质外围被逐渐渗吸置换出的,而且会顺着有利通道优先渗吸置换岩心基质中亲水部分的油,表现在图像上,即岩心中央部分基质区域亮度明显下降。这表明纳米液有助于渗吸介质快速深入基质内部,形成渗吸上类似于"指进"的效果,这有助于提升渗吸介质与基质的接触面积,从而有助于提升采出程度。

对比动态渗吸与静态渗吸的磁共振成像图,可以明显地看出在增加了主裂缝及驱替过程后动态渗吸岩心图片在后期更暗,特别是在主裂缝两侧。增加裂缝后基质部分与渗吸介质的接触面积增加,有助于发挥基质与裂缝间的油水交渗流动,能够有效提升采出程度。目前对于致密油藏,直接注入介质驱替采油并不现实,但有必要进行体积压裂等作业,创建丰富的人工裂缝,使注入介质能够与储层基质充分接触,进而可以借助多轮次吞吐等手段进行采油。

4.3.4　动态渗吸过程中岩心内部流体分布的变化

在动态渗吸实验过程中,在不同的时刻对岩心进行了分层 T_2 测试,沿轴向进行分层,注入端为长度为 0 的一侧,结果如图 4.21 所示。随着渗吸的进行,岩心内的油不断被渗吸置换并被驱替出,展现在分层 T_2 谱图上是岩心各截面的谱线逐渐下降。

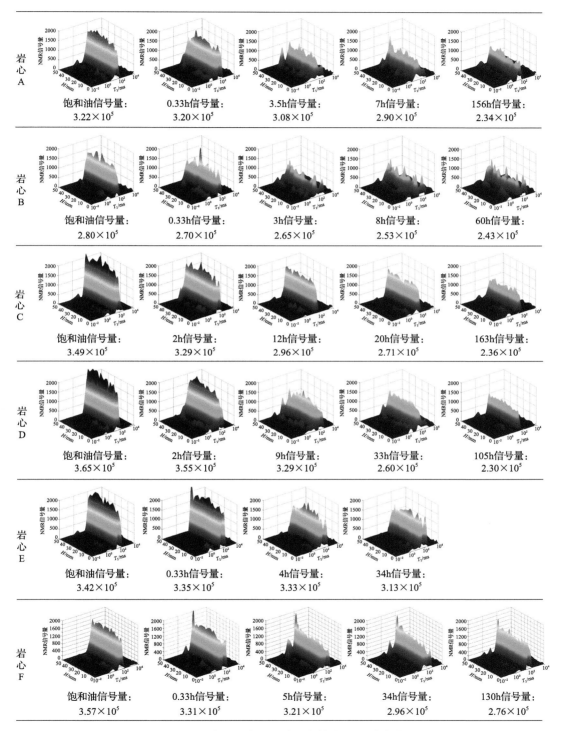

图 4.21　岩心动态渗吸过程中的分层 T_2 谱变化

动态渗吸过程中岩心部分截面的 T_2 谱右峰会出现信号高峰，这表明在一截面的长弛豫组分增加，结合图 4.19 核磁成像的结果，这一部分额外出现的信号属于主裂缝中滞留的油滴产生的信号。不同层位的 T_2 谱的一致性反映了岩心内部油分布的一致性，在初始饱和油状态下，岩心各个截面赋存的油量及油在不同孔隙中的分布有所不同。在动态渗吸过后，可以直观地看出岩心 C 与 D 不仅信号量最低，而且各截面的 T_2 谱均一性更好。这说明使用纳米驱油剂并提高主裂缝渗流速度不仅能够提升采收率，而且有助于渗吸介质深入基质内部，从而整体动用岩心各个级别的孔隙。

分层 T_2 谱的总信号量为岩心每一层 T_2 谱信号量的总和，其变化如图 4.22 所示。可以看出岩心动态渗吸过程中油被不断地渗吸置换出，岩心的总信号量不断下降。与图 4.17(a) 中由 T_2 谱计算的岩心残余油变化相比较，可以看出两种测试序列下，对应岩心的信号量变化有所不同。其原因是分层 T_2 测试在常规 T_2 谱测试序列的基础上还使用了梯度场，其序列的回波间隔要大于常规的 T_2 谱，会导致岩心内部分短弛豫组分信号无法全部获取。整体上，分层 T_2 谱总信号量的变化依然反映了岩心采出程度的变化，可以看出润湿性的影响最为显著，经过动态渗吸后，油湿岩心的残余油明显高于中性润湿岩心。

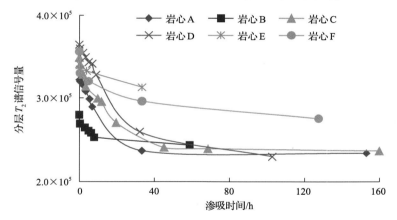

图 4.22　岩心动态渗吸过程中分层 T_2 谱总信号量变化

通过在线核磁数据，计算实验中岩心在不同时刻的动态润湿指数及对应的改变指数，结果如图 4.23 和图 4.24 所示。整体上渗吸过程的润湿性改变与驱替过程明显不同，渗吸过程前期润湿性的波动较大，有向亲水方向偏移趋势，而中后期整体润湿性又会向亲油方向移动，导致最终的润湿性改变指数并不大。分析这一现象的原因，渗吸的前期渗吸介质未充分深入基质，此时以正向渗吸为主，此时的渗吸过程类似于低速的驱替过程，渗吸介质优先深入较大孔隙并浸润亲水矿物，这便导致前期岩心润湿性会向亲水方向偏移。渗吸后期岩心基质全部被水渗透，此时的渗吸是逆向渗吸，从小孔到大孔中的油都开始动用，岩心内部油水发生重新分布，剩余油逐渐难以通过渗吸采出。随着时间的推移，相当于给残余油状态的岩心老化的时间，油重新吸附于亲油矿物与孔隙中，进而中后期润湿性又向亲油方向改变。岩心 C 和 J 与平行样岩心 A 和 H 相比，使用纳米液作为渗吸介质有助于润湿指数向亲水方向改变，其相应的采出程度也高于平行样。因此，在致密油藏开发中，有必要加入调节润湿性的添加剂，去抑制渗吸采油后期储层润湿性向亲油方向的改变。

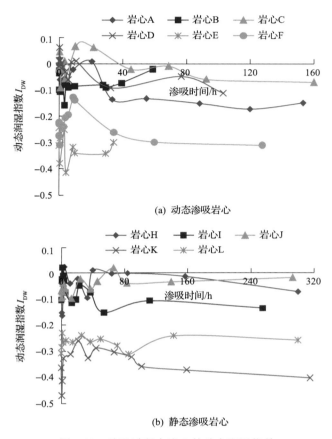

图 4.23　渗吸过程中岩心的动态润湿指数

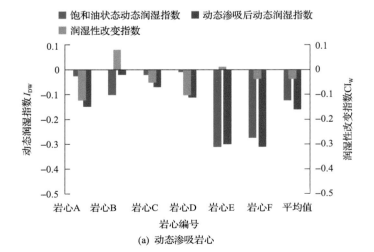

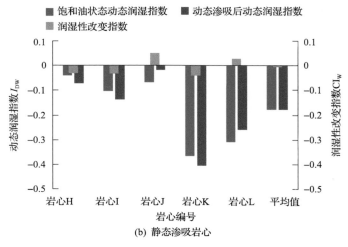

(b) 静态渗吸岩心

图 4.24   岩心渗吸采油后润湿指数的改变

4.4   超低渗透油藏大模型逆向渗吸和注水吞吐中的渗吸距离

逆向渗吸物理模拟实验流程(图 4.25)由调速型蠕动泵、油水分离计量装置经管阀件分别连接模型注采口 6、12 而成,注入速度为 0.5mL/min。由于裂缝为无限导流能力裂缝,裂缝两端注采口 6、12 之间无渗流阻力,不存在压差,确保流动过程中无驱替作用发生,裂缝中持续流动的地层水在裂缝面上只发生逆向渗吸作用,逆向渗吸采出的油在调速型蠕动泵的驱动下进入油水分离计量装置,实时记录不同时刻逆向渗吸采油量。

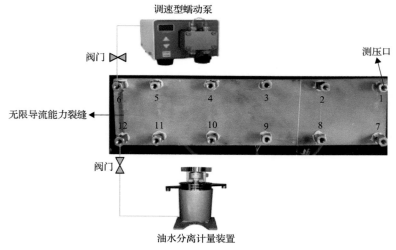

图 4.25   大模型逆向渗吸实验装置

为了研究注水吞吐和逆向渗吸前后模型渗流压力场变化规律,明确注入水对模型油水饱和度分布和渗流场的影响,进而对注水吞吐过程中注入水波及的距离和逆向渗吸作用距离进行研究，利用我们建立的一维注水吞吐物理模型，设计了反向驱替渗流阻力测量物理模拟实验方法，如图 4.26 所示。该实验在注水吞吐实验前后，定流速从远端 1、7 用模拟油驱替模型，记录压力变化过程，至模型各个测压点的压力变化趋于稳定，停止注入。通过压力分析，研究注水吞吐前后渗流压力场变化规律，确定注水吞吐过程中水波及前缘的位置。具体实验过程：①模型饱和模拟油后，定流速从 1、7 点注入模拟油，6、12 点采出，实时记录各个压力测点压力变化；②进行三个轮次的注水吞吐实验；③实验结束后，重复①过程。

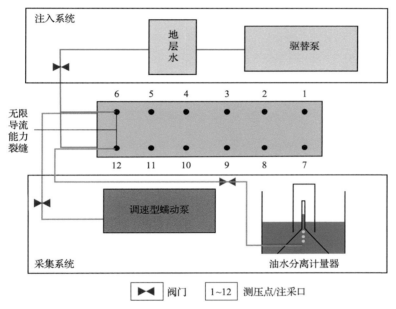

图 4.26 反向驱替渗流阻力测量实验装置

在注水吞吐和逆向渗吸前后反向驱替渗流阻力研究的基础上，预测水波及区域的距离，为提高剩余油气采出程度提供依据。因为反向驱替渗流过程可以视为单向、非活塞式驱替，从反向驱替供给边缘至裂缝端存在未波及区域和波及区域，即纯油区和两相区两个区域，如图 4.27 所示。

未波及区域单位长度上的渗流阻力为

$$-\frac{\mu_o}{kA}\frac{dx}{k_{ro}} \qquad (4.1)$$

波及区域单位长度上的渗流阻力为

$$-\frac{\mu_o}{kA}\frac{dx}{\mu_r k_{rw}+k_{ro}} \qquad (4.2)$$

式(4.1)～式(4.2)中，k 为渗透率，mD；A 为模型横截面积，cm^2；μ_o 为油相黏度，mPa·s；

μ_r 为油水黏度比；k_{rw} 为水相的相对渗透率；k_{ro} 为油相的相对渗透率；dx 为单位长度。

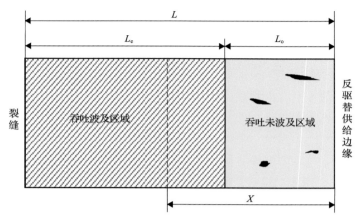

图 4.27　反向驱替渗流过程原理图

L-区域总长度；L_e-吞吐波及区域长度；L_o-吞吐未波及区域长度；X-反驱替流体作用距离

通过实验前后反向驱替渗流压力随距离变化规律分析实验过程中吞吐波及区域长度 L_e，因为注水吞吐和逆向渗吸过程中进入基质的水，在裂缝附近形成油水两相混合带，而未被地层水波及的区域依然只有油相，使两者渗流阻力不同，在反向驱替过程中得出反向驱替压力随距离的变化曲线，当压力出现拐点的时候，证明此点所对应距离 L_e 即注水吞吐过程和逆向渗吸过程中水波及区域距离，如图 4.27 所示。

利用以上建立的特低渗透致密油藏逆向渗吸物理模拟系统和反向驱替渗流阻力测量物理模拟方法对中石油典型致密油区露头模型进行逆向渗吸物理模拟实验，模拟压裂和注水吞吐过程中的逆向渗吸作用机理和强度。选择的露头模型与所模拟的储层相比，具有相同的孔隙介质，在两相流动物理模拟中可以保证反映两相流动规律的相渗曲线、毛细管力曲线、非线性渗流特征与储层相同。在此基础上对不同渗透率露头模型在其他实验条件均相同的条件下进行两组逆向渗吸实验，实验露头模型的基础物性参数如表 4.3 所示。实验过程中模拟地层水和注入水用浓度为 5×10^4mg/L 的矿化水，所用天然露头模型按照石油行业标准评价岩心润湿性，润湿性为强亲水。

表 4.3　露头模型基础物性参数

渗透率/mD	孔隙度/%	模型长度/cm	模型宽度/cm	初始含油饱和度/%	饱和油量/mL
2.0	12.46	40	10	51.90	70
0.2	8.33	40	10	56.50	51

在逆向渗吸实验前后，利用反向驱替渗流阻力测量物理模拟方法定流速从远端利用模拟油驱替模型记录压力变化过程，通过压力分析，研究逆向渗吸前后渗流压力场变化规律，明确渗吸进入模型内部的水对模型油水饱和度分布和渗流场的影响，进而对逆向渗吸波及区域进行研究。

通过渗吸实验前后反向驱替压力随时间变化图发现，逆向渗吸实验前后，以同样方法驱替模型的压力发生了变化，渗吸实验后驱替压力明显上升，比渗吸前高出 2.8MPa 左右，渗流阻力高出 11%。以测压点 2 为例，逆向渗吸实验前反向驱替压力随时间逐渐上升，时间为 4000s 左右的时候，驱替压力基本稳定，为 10.5MPa，说明模型内部阻力梯度一定；渗吸实验后反向驱替压力也随时间逐渐上升，时间为 3100s 左右的时候，驱替压力达到最大值，为 12.5MPa，之后随着时间增加反向驱替压力逐渐降低，最终稳定在 11MPa，与渗吸实验前稳定压力基本一致，如图 4.28 所示。

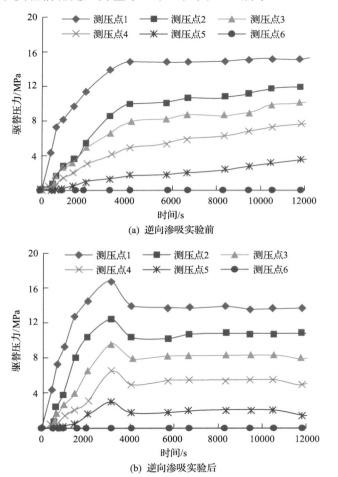

图 4.28 渗透率为 0.2mD 的露头岩样渗吸前后反向驱替压力随时间的变化关系

对比注水吞吐和逆向渗吸实验前后驱替压力随距离的变化规律(图 4.29)发现，当曲线中驱替压力出现拐点时，该点所对应的距离即注水吞吐和逆向渗吸过程中水的波及距离。注水吞吐的渗吸距离要大于逆向渗吸的渗吸距离，主要原因是在注水吞吐过程中，"吞"的阶段有一部分水在压力(压差)作用下挤入基质，"吐"的阶段有一部分油依靠基质与裂缝间压差的"驱动"采出，所以采出的油不能全部视为"渗吸"贡献，其波及距离也不完全是"渗吸"的作用,而是压差与渗吸共同作用的结果,水相可进入更深的基质前缘。

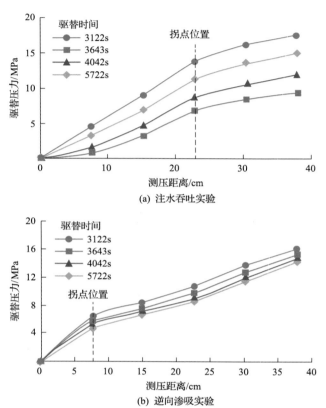

图4.29 渗透率为0.2mD的露头岩样注水吞吐和逆向渗吸驱替压力随距离的变化关系

按照上述实验方法,注水吞吐过程中,注入水体积增加1倍时,测得的渗吸距离为40.0cm,说明致密储层开采过程中,注入体积越大,渗吸距离也越大。

采用相同的实验方法,对渗透率为2.0mD的露头岩样进行实验(图4.30),结果表

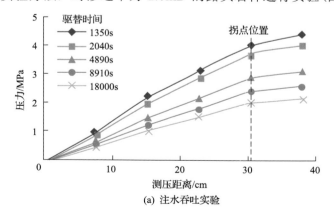

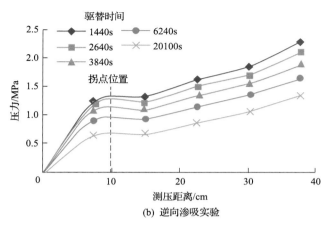

(b) 逆向渗吸实验

图 4.30　渗透率为 2.0mD 的露头岩样注水吞吐和逆向渗吸驱替压力随距离的变化关系

明，低渗透储层渗透率越大，渗吸距离越大。

逆向渗吸实验通过如图 4.25 所示装置在裂缝中持续注入水，使裂缝中持续发生渗吸作用，并利用持续注入水将渗吸油驱替出后计量，模拟地层条件下的逆向渗吸过程。

图 4.31 为不同渗透率露头模型逆向渗吸采油量随时间变化曲线，随着时间进行，渗吸采油量逐渐增加，经过 50h 后，渗吸采油量缓慢增加并最终趋于稳定，2mD 模型最终渗吸采油量为 1.1mL，0.2mD 模型最终渗吸采油量为 0.38mL。因此，在实验条件下，与模型饱和油量相比逆向渗吸采油量很小，且渗透率越低，逆向渗吸置换效果越差，渗吸产生的附加贾敏效应阻力是产生该现象的主要原因。

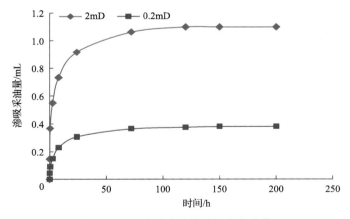

图 4.31　渗吸采油量随时间变化曲线

通过渗吸波及区域距离计算逆向渗吸可动用区域的储量，并结合渗吸采油量得出不同渗透率模型的逆向渗吸采出程度。不同渗透率露头模型逆向渗吸采出程度如图 4.32 所示。2mD 露头模型渗吸波及区域为 10cm，最终渗吸采油量为 1.1mL，而此区域内饱和油量为 17.5mL，因此逆向渗吸采出程度为 6.3%；0.2mD 露头模型渗吸波及区域为 8cm，最终渗吸采油量为 0.38mL，而此区域内饱和油量为 10.2mL，因此逆向渗吸采出程度为 3.7%。

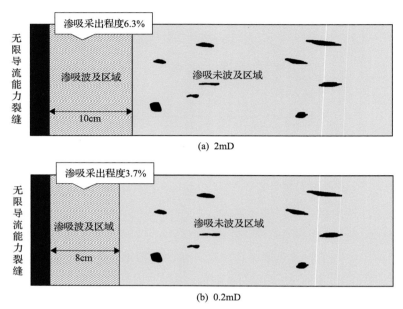

图 4.32　逆向渗吸实验波及区域示意图

利用文献实验方法进行特低渗透-致密砂岩岩心自发渗吸实验，并结合核磁共振方法对自发渗吸露头岩心的渗吸规律进行研究，发现渗吸过程中左侧波峰的 T_2 谱发生明显的向左移动现象(图 4.33)，说明基质较大孔隙内的流体发生了变化，渗吸过程中水相的流动方向是从大孔隙到小孔隙的流动。

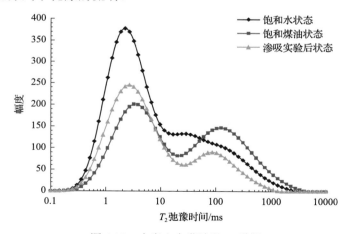

图 4.33　小岩心自发渗吸 T_2 谱图

结合上述分析和自发理论揭示了特低渗透-致密油藏逆向渗吸采油机理，原理图如图 4.34 所示。

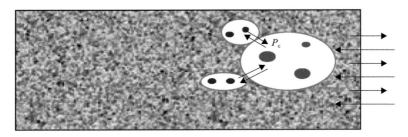

图 4.34　逆向渗吸原理图

P_c-毛细管力

　　逆向渗吸过程中，水相的流动方向是由较大孔隙到较小孔隙，水相依靠毛细管力进入小孔隙内，变成不可动水，从而滞留在油藏中。

　　小孔隙内的原油被置换到较大孔隙，不可动油变成可动原油，但油相同样被分散，产生的附加阻力形成局部高压，引起贾敏效应。

参 考 文 献

[1] 邹才能, 朱如凯, 白斌, 等. 致密油与页岩油内涵、特征、潜力及挑战[J]. 矿物岩石地球化学通报, 2015, 34(1): 3-17.

[2] 邹才能, 张国生, 杨智, 等. 非常规油气概念、特征、潜力及技术[J]. 石油勘探与开发, 2013, 40(4): 385-399, 454.

[3] 贾承造, 邹才能, 李建忠, 等. 中国致密油评价标准、主要类型、基本特征及资源前景[J]. 石油学报, 2012, 33(3): 343-350.

[4] U.S. Energy Information Administration. Status and outlook for shale gas and tight oil development in the U.S.[R]. Washington D C:Energy Information Administration, 2013.

[5] 梁涛, 常毓文, 郭晓飞, 等. 巴肯致密油藏单井产能参数影响程度排序[J]. 石油勘探与开发, 2013, 40(3): 357-362.

[6] 林森虎, 邹才能, 袁选俊, 等. 美国致密油开发现状及启示[J]. 岩性油气藏, 2011, 23(4): 25-30.

[7] 吴奇, 胥云, 王晓泉, 等. 非常规油气藏体积改造技术: 内涵、优化设计与实现[J]. 石油勘探与开发, 2012, 39(3): 352-358.

[8] 王香增, 任来义, 贺永红, 等. 鄂尔多斯盆地致密油的定义[J]. 油气地质与采收率, 2016, 23(1): 2-5.

[9] Austad T, Standnes D C. Spontaneous imbibition of water into oil-wet carbonates[J]. Journal of Petroleum Science and Engineering, 2003, 39(324): 363-376.

[10] 韦青, 李治平, 王香增, 等. 裂缝性致密砂岩储层渗吸机理及影响因素——以鄂尔多斯盆地吴起地区长 8 储层为例[J]. 油气地质与采收率, 2016, 23(4): 102-107.

[11] Ding M, Kwanzas A, Lastockin D. Evaluation of gas saturation during water imbibition experiments[J]. Journal of Canadian Petroleum Technology, 2006, 45(10): 73-98.

[12] Høgnesen E J, Standnes D C, Austad T. Experimental and numerical investigation of high temperature imbibition into preferential oil-wet chalk[J]. Journal of Petroleum Science and Engineering, 2006, 53(1-2): 100-112.

[13] Brownscombe E, Dyes A. Water-imbibition displacement-a possibility for the spraberry[C]. Drilling and Production Practice, 1952.

[14] Bourbiaux B J, Kalaydjian F J. Experimental study of cocurrent and countercurrent flows in natural porous media[J]. SPE Reservoir Engineering, 1990, 5(3): 361-368.

[15] Pooladi-Darvish M, Firoozabadi A. Experiments and modelling of water injection in water-wet fractured porous media[J]. Journal of Canadian Petroleum Technology, 1998, 39(3): 31-42.

[16] 蔡建超, 郁伯铭. 多孔介质自发渗吸研究进展[J]. 力学进展, 2012, 42(6): 735-754.

[17] Gautam P S, Mohanty K K. Role of fracture flow in matrix-fracture transfer[C]. SPE Technical Conference & Exhibition, San Antonio, 2002.

[18] Graue A, Fern M, Moe R W, et al. Water mixing during waterflood oil recovery: The effect of initial water saturation[J]. SPE Journal, 2012, 17（1）: 43-52.

[19] 杨正明, 郭和坤, 刘学伟, 等. 特低-超低渗透油气藏特色实验技术[M]. 北京: 石油工业出版社, 2012: 135-155.

第 5 章　超低渗透油藏注入不同介质开采机理研究及应用

天然能量不足是大多数油田的共性，因此注入不同介质补充能量提高采收率研究一直都是研究人员关注的焦点。注水开发成为低渗透油田最适合、最经济有效的开发方式。与低渗透油田相比较，超低渗透油藏渗透率极低、非达西渗流明显，在注水开发时存在启动压力梯度，导致注入难度大。但是近年来随着超低渗透油藏的开发，出现地层能量明显不足、产能递减快、采收率低的现象。而现有低渗透油藏常规的注水补充能量方法的适用性也需要进一步研究。

目前，国内各油田针对特低渗透储层补充地层能量提高采收率的方法主要有分段压裂水平井或直井压裂进行 CO_2 吞吐、注水吞吐、不同注入介质驱替等几种方式[1-3]。虽然几种补充能量的方式在国内外油田广泛应用，但是开采效果参差不齐。研究内容主要集中在实施注入不同介质的物质基础、适应性及注入效果的影响因素等方面，理论研究主要集中在注入不同介质过程的技术原理解释方面，对于不同注入介质的采油机理还缺乏清晰的共识。物理模拟实验研究是进行渗流机理等理论研究的基础，也是研究的重要手段之一，物理模拟实验的发展与创新推动了渗流理论到矿场应用的步伐。

本章首先详细介绍作者研究团队研发和升级的超低渗透岩心核磁共振在线测试系统等 6 套关键设备；借助研发的物理模拟系统，研究不同注入介质的采油机理和开发技术；同时剖析研究成果在大庆和长庆等典型区块的应用效果，为该类超低渗透油藏有效开发提供参考及技术支持。因此，迫切需要研究经济可行的补充地层能量的方法。

5.1　超低渗透油藏渗流机理物理模拟实验系统

超低渗透油藏具有孔隙度、渗透率低，层系发育多，储层类型多样，结构复杂，注水开发效果差等特征。目前在开发上，以水平井与大规模体积压裂相结合为主。总的来看，超低渗透油藏开发都存在地层能量明显不足、产能递减快、采收率低等问题。因此，研发针对超低渗透油藏储层的物性参数测试设备及升级改造现有渗流机理研究物理模拟实验系统对该类油藏的开发至关重要。

笔者研究团队经过 5 年的探索，研发了超低渗透岩心核磁共振在线测试系统等 5 套关键设备，升级改造了高压大模型物理模拟实验系统，发展了超低渗透油藏物理模拟设备体系。设备与实验系统技术参数、主要功能如表 5.1 所示。6 套设备及试验系统的技术参数、功能都是针对超低渗透-致密油藏储层特征及开发方式所研制，其中以超低渗透岩心核磁共振在线测试系统、高压大模型物理模拟实验系统(升级后)两套设备为代表，解决了超低渗透油藏不同注入介质开采机理研究中最关键的技术瓶颈。本节将对这两套设备进行详细的介绍。

表 5.1   设备与实验系统技术参数、主要功能

设备名称	技术参数指标	解决的关键问题
超低渗透岩心核磁共振在线测试系统	围压达到 40MPa，温度达到 80℃，最短回波时间缩短至 0.1ms，在实验过程中可对岩心测试 T_2 谱、分层 T_2 谱及磁振成像，编制了润湿性和原位黏度测试与动态评价软件	能够模拟地层高温高压条件，检测纳米级孔隙中流体的信号，精确观测到实验过程中沿轴向不同孔道中流体饱和度和原位黏度等参数的变化
高压大模型物理模拟实验系统（升级后）	电阻率检测功能和速度由 300kΩ 以下、2～5s/点变成无限制、1s/点；压力检测速度由 3s/次变成 0.5s/次；由直井单相模拟向水平井、多相和裂缝模拟技术升级	能实现超低渗透储层多井型（分段压裂水平井、直井）、多介质（水、CO_2、活性水等）多种开采方式（驱替、吞吐）物理模拟
超低渗透岩心精细注水物理模拟系统	驱替压力最高 10000psi，流量最小可达 0.001mL/min；测量精度 0.0001mL/min	能满足超低渗透油藏注水驱替物理模拟过程中恒定高压、超低流量的需求，实现不同方式的注水驱油模拟
超低渗透岩心溶解气驱实验平台	包含含气油复配、驱替和回压控制三大系统；压差传感器精度为 0.0015MPa，编制了含气油藏渗流阻力梯度计算软件	能模拟地下溶解气析出后对超低渗透油藏渗流阻力的变化特征，给出合理的生产压差等现场参数
超低渗透岩心离心实验系统	离心力达到 15000psi，气水离心最小喉道半径达到 20nm	能满足渗透率小于 1mD 储层流体赋存喉道尺寸分布研究，精确评价亚微米、纳米级孔喉内流体的赋存特征
超低渗透岩心渗吸实验测试系统	围压达到 50MPa，温度达到 80℃	实现超低渗透岩心高温高压下的渗吸模拟，精确分析油藏岩石渗吸采油过程

5.1.1   超低渗透岩心核磁共振在线测试系统

超低渗透岩心核磁共振在线测试系统是进行研究的核心设备，本节首先介绍核磁共振在线设备各部分的组成与功能，以及针对致密岩心测试的特殊设计。

为实现对致密岩心内部流体进行探测这一目标，特别考虑岩心内非均质性强、孔喉狭窄、内部磁场梯度高及需要在高温高压驱替过程中检测核磁等难点，依托苏州纽迈分析仪器股份有限公司设计制造了致密岩心高温高压核磁共振在线分析系统。系统整体示意图如图 5.1 所示。整个系统分为注入单元、检测单元(核磁共振谱仪)、核磁共振高温高压探头、高压循环加热单元、出口辅助单元等几个部分。

核磁共振高温高压探头由高强度玻璃纤维岩心夹持器和高灵敏度绝热探头组成。岩心夹持器结构如图 5.2(a) 所示。岩心夹持器外径 60mm，以减少对最短回波的影响。岩心夹持器能容纳直径 1in①、长 10cm 的岩心。为防止引入核磁信号，使用全氟胶套。岩心夹持器内部采用同心圆环设计，岩心处于胶套包裹的最内层，围压液体注入管壁和岩心之间的围压腔，实现对围压和温度的施加；热交换效率高、稳定度高。岩心夹持器管壁的玻璃纤维材料背景信号弱且强度高，能够承受 40MPa 的压力，实验温度达到 80℃。岩心夹持器上的高灵敏度绝热探头最短回波时间能够低至 0.1ms，能够检测到更多纳米级孔隙中流体的信号，对致密储层分析至关重要。核磁共振高温高压探头内部冷却循环结构如图 5.2(b) 所示，该探头使用冷槽(图 5.3)循环氟化液冷却探头内部的电器元件，确保各元件温度恒定，能够隔离高温岩心夹持器散发出的热量，确保采集信号稳定、可靠。

---

① 1in=2.54cm。

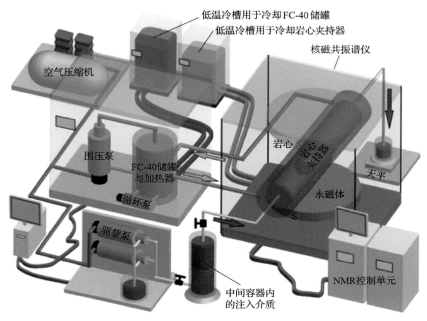

图 5.1　高温高压核磁共振在线分析系统示意图

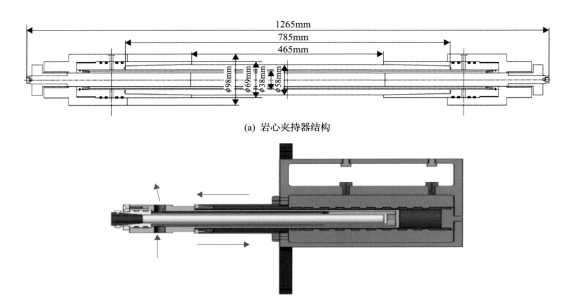

(a) 岩心夹持器结构

(b) 核磁共振高温高压探头内部冷却循环结构示意图

图 5.2　核磁共振高温高压探头结构示意图

图 5.3　低温循环氟化液冷槽

　　核磁共振高温高压探头实物如图 5.4 所示。岩心夹持器采用多环腔设计，岩心位于中间，利用全氟胶套或热缩管将岩心与围压液隔离，围压液既可以施加围压，又可以传递热量；岩心夹持器材料选用低质子信号的玻璃纤维材料，既可以降低对测试结果的干扰，又能实现高耐压。为了防止岩心夹持器受热后热量传递给检测探头，影响检测探头的信号稳定，创新性地对探头进行了恒温处理，确保各元件在恒定温度下工作，得到稳定可靠的数据输出。

(a) 岩心夹持器内部

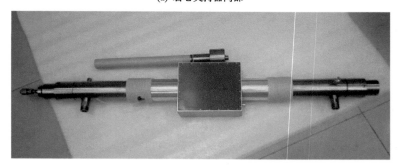

(b) 岩心夹持器外部

图 5.4　核磁共振高温高压探头实物图

　　超低渗透岩心核磁共振在线测试系统检测单元的主要部件是自屏蔽大口径核磁共振成像分析仪,可实现岩心中流体/气体的检测,能够做各种弛豫时间测试(T_1、T_2),分层T_2实验及磁共振成像实验等。该分析仪由大口径自屏蔽永磁体、控制柜、成像梯度单元、水冷大梯度单元、室温探头等硬件组成,以及由专用的岩心分析软件和成像软件控制各部分协调工作。

　　质子在外加磁场中能够发生能级分裂,为后续射频激励创造条件,因而磁体部分是核磁共振设备的必备硬件。大口径自屏蔽永磁体如图 5.5 所示。大口径自屏蔽永磁体整体由大口径稀土永磁体、磁体箱、有源匀场线圈、磁体控温单元等构成。为提高设备的检测灵敏度,核磁共振设备适合于超低渗透岩心内部流体的检测,选择磁体主磁场为 0.3T ±0.05T,质子共振频率 12MHz 左右。与传统的录井 2MHz 设备相比,可以提高约 10 倍的灵敏度,能够大幅度地缩短实验时间,使在线分析成为可能。磁体箱内置双层温度控制系统,非线性精准恒温控制,确保磁体温度稳定在 32℃,不受环境温度变化的影响。匀场技术分为有源匀场和无源匀场,其中有源匀场是指适当调整匀场线圈阵列中各线圈的电流强度,使周围的局部磁场发生变化来调节主磁场以提高磁场整体均匀性的过程。有源匀场设计方案基于分析法,通过通电导线产生的磁场分析来设计导线的位置参数,达到匀场的目的。超低渗透岩心核磁共振在线测试系统使用主动匀场线圈,确保检测区域的磁场均匀度达到 50ppm,以提高设备的分辨率,均匀区空间大,有利于各种附件的添加,灵活性高、扩展性强。匀场线圈均放置在永磁体的两极上,用两块极板组成,极板上有一阶匀场线圈。仪器采用 X、Y、Z 三阶匀场线圈的设计,设计的线圈产生的磁场需要有良好的线性度,线性度越好,匀场效果越好。通过以上设计有效保证了磁共振成像的精度。

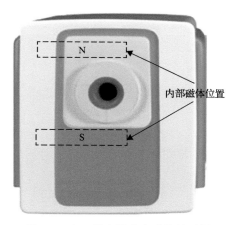

图 5.5　大口径自屏蔽永磁体外观图

　　如图 5.6(a)所示,控制柜由射频单元(射频单元柜、前置放大器、射频功率放大器)、谱仪单元(时钟控制器、脉冲序列发生器、直接数字频率合成器、数模转换器、模数转换器)、温度控制系统、工业控制计算机等组成。为了能够采集到致密多孔介质孔隙中流体的信号,选用射频功率放大器的输出峰值为 300W,脉冲频率范围为 2~30MHz,频率控制精度为 0.1Hz,脉冲精度为 100ns,最大采样带宽为 2000kHz。全数字模数转换的采样速率为 50MHz,相位控制精度为 0.1°,时序分辨率为 20ns。成像梯度单元[图 5.6(b)]由梯度线圈、梯度功率放大器等组成。梯度磁场位于成像区域内,具备 X、Y、Z 三个独立梯度功放,根据需要动态地在主磁场附加一个 X、Y、Z 正交的三维空间线性变化的梯度磁场,使被检测体内部不同位置的质子具有不同的共振频率,实现成像的层面选择、相位编码和频率编码,为 MRI 设备提供线性度符合要求、可快速开关的梯度磁场。图像线性度大于 90%,层面内物理分辨率可以达到 0.5mm,能够用于观测致密岩心内部裂缝,以及对致密岩心的驱替和渗吸过程进行直观的定性分析。

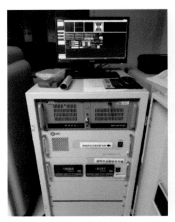
(a) 核磁共振仪控制柜

(b) 梯度功率放大器柜

图 5.6   核磁共振仪控制柜与梯度功率放大器柜实物图

高压循环加热单元是在线核磁的重要组成部分[图 5.7(a)],控制流体注入精度、岩心温度与压力的控制与读取,能实现地层环境的模拟。该单元一是要实现氟油的加热(高温);二是围压泵能够将高压传输到岩心夹持器的围压腔中(高压)。此外通过计算机控制,该压力需要能够自动地跟踪注入压力,实现围压跟踪功能。如图 5.7(b)所示,高压循环加热单元由

(a) 高压循环加热单元实物图

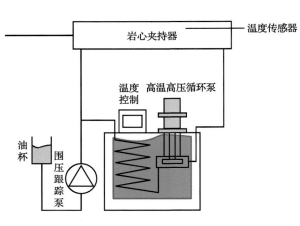
(b) 高压循环加热单元示意图

图 5.7   高压循环加热单元

高温高压循环系统、围压跟踪泵、温度传感器构成。对循环加热部分进行了改进，使用氟化液循环，相比氟油循环更迅速，温度更稳定，对致密岩心进行高温实验提供保障。

　　超低渗透岩心核磁共振在线测试系统的注入单元由高精度恒压恒速泵、注入介质中间容器、管路和出口辅助单元等组成。其中高精度恒压恒速泵如图 5.8(a) 所示，采用美国进口 Quizix Q5000 双缸高压驱替泵。注入介质中间容器如图 5.8(b) 所示，分为 3 个独立的容器，容积为 500mL，采用 316 不锈钢制造，通过管路连接，管路经过高温高压循环加热单元预热，可以提前对注入流体进行加热。出口辅助单元由高精度天平和回压系统组成，天平用于对流出的液体进行称量；回压系统能够对岩心出口施加压力，实现岩心地层环境的模拟。

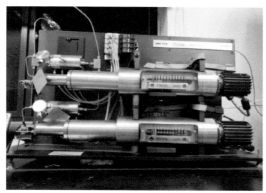

(a) 高精度恒压恒速泵　　　　　　　　(b) 注入介质中间容器

图 5.8　注入单元实物图

　　核磁共振在线分析设备的管路设计如图 5.9 所示，用管路连接压力容器与岩心夹持器的入口端和出口端。使加压时能够让前后两端共同加压，保障加压过程岩心前后压力稳定，有效避免了因岩心夹持器首尾端压差过大而损坏岩心或胶皮套。

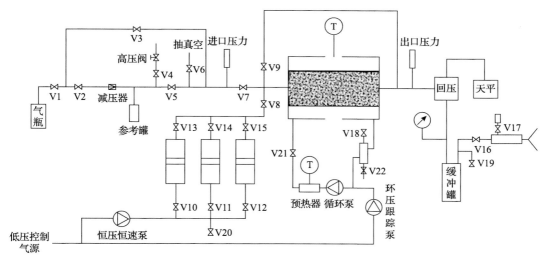

图 5.9　核磁共振在线分析设备管路连接图

整合后的高温高压核磁共振在线分析设备如图 5.10 所示。该设备能够在岩心物理模拟实验中有效地获取 T_2 谱、MRI 图像、分层 T_2 谱等多项核磁数据，有力地支撑岩心物理模拟实验研究。

图 5.10　高温高压核磁共振在线分析设备

综上所述，该设备的核心为核磁专用高温高压探头，可实现围压达到 40MPa，温度达到 80℃，最短回波时间缩短至 0.1ms，能够检测纳米级孔隙中流体的信号；改进循环加热单元和加压管路，模拟地层高温高压条件；形成了岩心分层 T_2 谱及磁共振成像技术，可精确观测实验过程中参数的变化。将低场核磁共振测试技术与岩心高温高压驱替物理模拟实验技术相结合，可实现混合润湿性、原位黏度等关键参数动态测试和不同注入介质在线模拟。

5.1.2　高压大模型物理模拟实验系统

高压大模型物理模拟实验系统为中国石油勘探开发研究院依托所研制的一套物理模拟实验装置(图 5.11)[4,5]。特低渗透油藏储层物性差，渗流能力弱，注水难以建立有效驱动压力体系，导致单井产量递减较快、油田采收程度较低，开发效益差。因此，建立有效

图 5.11　高压大模型物理模拟实验系统

驱动压力体系是特低渗透油藏有效开发的关键。但是根据小岩心渗流实验测定的启动压力梯度数值来判断特低渗透油藏井网是否建立有效驱动存在很大的局限性。大型露头物理模拟系统为采用露头模型，分析不同因素对特低渗透油藏有效驱动的影响，从而形成特低渗透油藏有效驱动的物理模拟评价方法；针对特低渗透油藏中-高含水阶段、水驱状况及剩余油分布复杂的形式，形成了井组开采物理模拟技术，模拟再现油田现场的生产过程，为油田井网调整提供了建议[6]。

随着超低渗透-致密油藏的开发，水平井网体积压裂、不同注入介质补充能量等方式成为主要的模式。此时，大型物理模拟实验系统显然不能满足研究的需要，且测试效率低也成为系统规模应用的一大阻碍。结合超低渗透油藏开发生产实践，对"十二五"初期研制的高压大模型物理模拟实验系统进行升级改造，升级后的实验系统测试效率大大提高(表 5.2)，在实验技术上实现了超低渗透储层多井型(分段压裂水平井、直井)、多介质(水、CO_2、活性水等)、多种开采方式(驱替、吞吐)的物理模拟，该系统的升级为研究超低渗透油藏不同注入介质开采机理起到了至关重要的作用。

表 5.2　高压大模型物理模拟实验系统升级前后技术参数对比

项目		升级前	升级后
设备和操作指标升级	驱替功能	单泵驱替实验	三泵驱替实验
	电阻率检测功能和速度	300kΩ 以下，2～5s/点	无限制，1s/点
	温度控制	人工(半自动)	自动
	最快压力检测速度	3s/次	0.5s/次
	数据显示功能及控制功能	单屏显示，控制台操作	三屏显示，控制台、操作台切换操作
	模型安装周期	1.5d	0.3d
配套技术升级		平板模型制作技术、抽真空饱和水技术、油驱水饱和油技术、电阻率-油饱和度计算及标定技术	水平井模拟及制作技术、裂缝加工技术、微裂缝模拟技术和含气原油饱和技术
实验技术升级		单相高压驱替实验和直井井组水驱模拟实验	考虑压裂直井井组水驱模拟实验、分段压裂水平井注水开发及 CO_2 吞吐模拟技术、水平井(直井)注水吞吐实验技术和平面模型自发渗吸实验技术

5.2　超低渗透-致密油藏不同注入介质开采机理研究

超低渗透油藏渗透率极低、非达西渗流明显，在注水开发时存在启动压力梯度，导致注入难度大、产量递减快等问题。但是近年来随着超低渗透-致密油藏衰竭式开发的进行，油藏出现地层能量明显不足，产能递减快，采收率低的现象[7]。超低渗透-致密油藏开发主要集中在水平井和体积压裂的结合上[8]。储层体积压裂后会出现大量裂缝，注水开发通常会导致油井快速水淹[9]。因此，迫切需要研究经济可行的致密油藏补充地层能量的方法。本节将借助超低渗透岩心渗流机理物理模拟实验系统研究不同注入介质驱替、吞吐采油机理。

5.2.1 小岩心不同注入介质驱替和吞吐采油机理

基于核磁共振在线分析技术，对超低渗透-致密岩心进行注水吞吐、不同注入介质驱替物理模拟实验。通过对实验过程中不同阶段测量 T_2 谱、分层 T_2 谱并进行磁共振成像，研究不同开采方式对致密油开采效果及对物性的影响，进一步明确采油机理。

1. 注水吞吐开采机理的在线核磁共振研究

由于超低渗透-致密油岩心内部流体含量极低，常规的岩心夹持器吞吐实验结果存在较大的测量误差。在吞吐过程中，无法及时获得岩心内部不同孔隙中流体的分布情况。如果将岩心从岩心夹持器中取出进行核磁共振测试，那么围压和温度的变化及流体蒸发都会导致较大的测量误差。核磁共振在线分析技术可以有效地解决上述问题，测量数据更接近实际情况。

1）注水吞吐在线核磁实验过程

本实验主要研究吞吐过程中不同轮次、不同时间下各个级别孔隙中流体的动用情况，以获取核磁 T_2 谱为主，结合磁共振成像作为辅助。另外，依旧使用在线核磁共振实验仪器。岩心在 3 个吞吐轮次中始终无需取出，可精确测定吞吐过程及后续驱替过程的含油饱和度及残余油饱和度。实验岩心参数如表 5.3 所示。共选取四块岩心，分为两组。模拟地层水的盐水浓度为 80g/L，为了屏蔽核磁共振信号，选择氘水作为注水吞吐的注入介质，煤油作为实验用油。在 25℃时，煤油的黏度为 1.67mPa·s，密度为 0.8g/cm³。实验所用流体装入带活塞的中间容器中。实验设备主要使用 PC-1.2WB 离心机、MacroMR12 在线核磁共振设备，以及 Quizix Q5000 驱替泵。

表 5.3 实验岩心参数表

岩心编号	长度/cm	直径/cm	渗透率/mD	孔隙度/%	驱替方式
A	5.39	2.49	0.57	17.19	水驱
B	5.35	2.40	0.58	17.52	注水吞吐后水驱
C	5.46	2.49	1.78	17.10	水驱
D	5.37	2.50	1.85	17.20	注水吞吐后水驱

实验步骤如下：将选取的 4 块岩心进行标号、洗油、烘干，之后称取干重，测量直径、长度、空气渗透率、孔隙度等基础参数。将岩心进行抽真空饱和模拟地层水，完成后用在线核磁共振设备记录岩心饱和水状态的核磁 T_2 谱和 MRI 冠状面图像。用氘水饱和岩心来消除核磁信号，用以去除水相的核磁信号。用煤油饱和岩心，完成后用在线核磁共振设备记录岩心饱和原油状态下的核磁 T_2 谱和 MRI 图像。为了防止核磁信号引入，利用氘水进行注入实验。岩心 A 和 C 进行水驱试验，注入压力为 10MPa，注入量为 10PV。

注水完毕后，利用在线核磁共振仪记录岩心的核磁共振 T_2 数据和 MRI 图像。岩心 B 和 D 用于注水吞吐实验，在注水压力为 10MPa 的条件下进行多轮次吞吐。在每个轮次中，焖井时间为 12h，开井时间为 2h。完成后接着进行驱替实验，驱替压力设定为 10MPa，驱替体积为 20PV。利用在线核磁共振设备记录各周期及水驱后岩心的核磁共振 T_2 数据和 MRI 图像。最后利用 MRI 图像及核磁共振 T_2 数据计算孔隙体积、流体饱和度、采出程度和剩余油分布，分别进行定量及定性分析。

2）岩心初始状态分析

基于在线核磁数据，实验岩心的孔隙分布、初始含油饱和度及可动流体百分数如图 5.12 所示。实验所用致密油岩心的孔径主要小于 2μm。原油 77.8%以上赋存于亚微米级和微米级孔隙中，纳米级孔隙并没有饱和进足量的油。其主要原因应当是驱替饱和油过程中，不同岩心中的可动流体饱和度之间只有很小的差异，可见渗透率与可动流体饱和度之间几乎没有关系。可动流体主要存在于半径大于 0.2μm 的孔隙中。

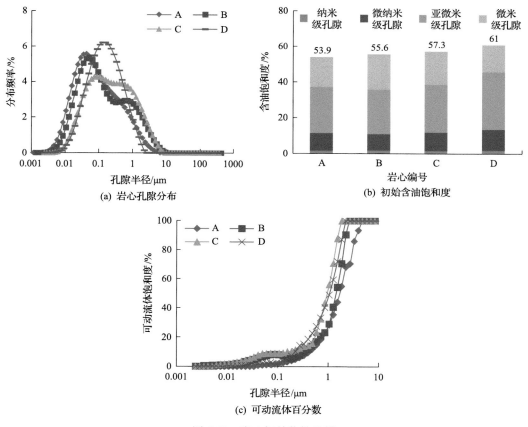

图 5.12　岩心初始物性分析

3）注水吞吐开采过程与采油机理分析

根据在线核磁数据，计算各块岩心在开采过程中的原油采出程度与残余油饱和度变化,如图 5.13 和图 5.14 所示。对比两组岩心中不同驱替方式的采出程度可以看出,对于致密油岩心仅仅依靠注水吞吐并不比注水驱替采出程度高,在注水吞吐过后再进行水驱又采出了总量可观的煤油。这是因为注水吞吐过程中虽然岩心中的油通过渗吸置换进入了大孔隙,但并没有足够的压差将油采出,后续的注水驱替正好将大孔隙中的油驱出,进而有效地提升了采出程度。从不同轮次上来看,两块岩心第一个吞吐轮次采出程度分别占总采出程度的 41.4%和 40.6%,第二个吞吐轮次采出程度分别占总采出程度的 24.4%和 16.6%,第三个吞吐轮次采出程度分别占总采出程度的 4.1%和 5.3%,驱替阶段采出程度分别占总采出程度的 30.1%和 37.4%。可以看出前两个吞吐轮次对采出程度有明显的贡献,尤其是第一个吞吐轮次极大地提升了采出程度。第三个吞吐轮次贡献较少,这

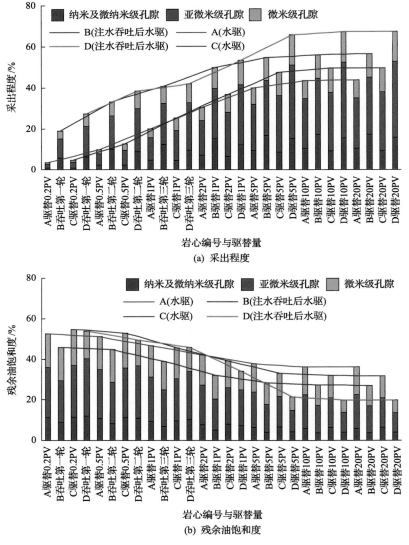

(a) 采出程度

(b) 残余油饱和度

图 5.13　岩心采出程度与残余油饱和度

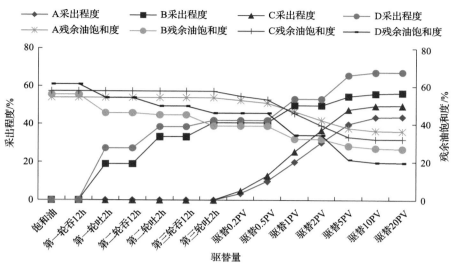

图 5.14　岩心开采过程分析

说明，前两个吞吐轮次已经使岩心中能动用的油通过渗吸置换作用进入了大孔隙。从不同孔隙的采出程度来看，整体上注水吞吐提升了各个孔隙级别的采出程度，特别是微纳米级孔隙和纳米级孔隙的采出程度明显高于常规注水，原因是在焖井过程中，发生了渗吸置换作用，岩心中大部分孔隙是亲水的，水进入小孔隙后沿壁面进入，将小孔隙中的油置换到了更大的孔隙中。对比两组岩心中不同驱替方式的残余油饱和度可以看出，仅仅依靠注水吞吐残余油比常规注水驱替要高，但是整体上注水吞吐后驱替的残余油饱和度明显要低于常规注水吞吐。

亚微米级孔隙里面的原油贡献了 49%～58%的采出油。焖井过程可以促进渗吸作用，将小孔隙中的原油渗吸置换到裂缝聚并形成油带，从而可以动用更多的原油，注水吞吐后驱替比常规驱替的残余油饱和度低 25%～38%。注水吞吐在第一周期能够有效动用微纳米级孔隙和纳米级孔隙中的油，渗透率越低，焖井对小孔隙油的动用效果越好，并且渗吸采油的占比越大，因而渗透率越低注水吞吐对于采出程度的提升越明显。第三个吞吐轮次对于致密油藏的开发效果不明显，原因是经过前两个轮次的吞吐，残余油基本难以通过焖井进行动用。因此，对于致密油藏采用注水吞吐 2 个轮次后再驱替最合适，能够有效提高采出程度。

MRI 图像能够最直观地看出开发过程中岩心内部的含油变化。由于实验岩心中只有煤油有核磁信号，成像越亮说明岩心中含油越多。图 5.15 展示了岩心 A 和 B 在实验过程不同阶段的 MRI 图像，成像方向是冠状面。可以看到与初始饱和油状态相比，岩心 B 的剩余油明显比岩心 A 更少，表明吞吐后再驱替的采油效果更好。在注水吞吐岩心的出口端存在末端效应，在图像末端显示出高亮度区域，表明出口端聚集了更多的油。产生这种现象的原因是油相到达出口端面后突然失去了毛细管孔道的连续性而导致毛细管端点效应。进入驱替阶段，提高流速后毛细管力作用降低，末端效应消失。

岩心A		岩心B	
饱和油		饱和油	
		第一轮吞吐	
		第二轮吞吐	
		第三轮吞吐	
驱替1PV		驱替1PV	
驱替10PV后		驱替10PV后	

图 5.15 岩心开采过程中的 MRI 图像

4）注水吞吐过程关键物性参数变化分析

实验过程中，岩心的边界黏度与原位黏度的变化如图 5.16 所示。可以看出吞吐过程中岩心的边界黏度在不同的轮次中有所波动，说明岩心孔隙内边界层波动较大，一方面其厚度在改变，另一方面边界层的油水分布波动较大。这说明吞吐过程能够有效促进孔隙内部流体重新分布。第一个吞吐轮次后原位黏度降低幅度较大，后两个吞吐轮次变化较小。说明第一个吞吐轮次采出的主要是孔道中的体相原油，后两个吞吐轮次动用更多的是边界层原油。对于驱替过程，各岩心的原位黏度都随驱替量的增加逐渐降低，最终平均值在 19.3mPa·s。吞吐后水驱的岩心原油原位黏度高于常规水驱后原油原位黏度 4mPa·s，说明吞吐过程能够动用更多的原油，尤其是边界层原油。

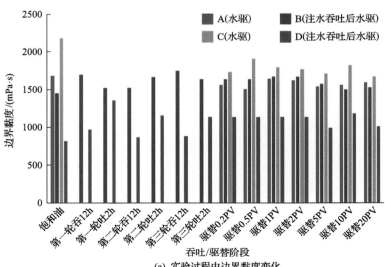

(a) 实验过程中边界黏度变化

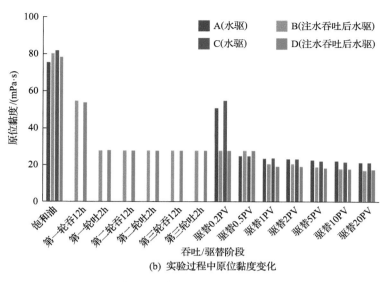

(b) 实验过程中原位黏度变化

图 5.16　实验过程中黏度变化

　　岩心在实验过程中的润湿指数变化如图 5.17 所示。岩心 A、B、C 初始状态是弱亲油状态，岩心 D 初始状态为亲水状态。经过实验，各岩心的润湿性都逐渐偏向亲水，岩心 A、B、C 变为水湿，岩心 D 变为强水湿。第一个吞吐轮次过程中，岩心润湿性转向油湿，说明注入介质使油水重新分布。后续吞吐及驱替过程中，随着原油的采出，岩心润湿性逐渐向水湿方向转变。

　　岩心经过实验后整体的物性变化如图 5.18 所示。可以看出吞吐后水驱相比于常规水驱，增加吞吐这个过程对于岩心整体的物性改变影响较小，主要是驱替过程对于岩心内部物性的影响较大。

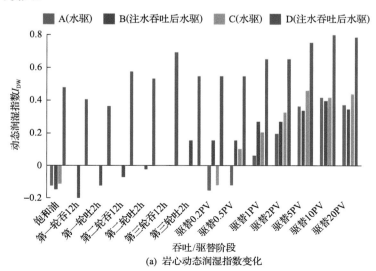

(a) 岩心动态润湿指数变化

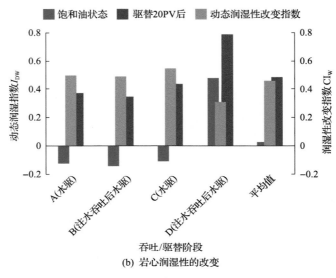

(b) 岩心润湿性的改变

图 5.17 实验过程中岩心的润湿指数变化

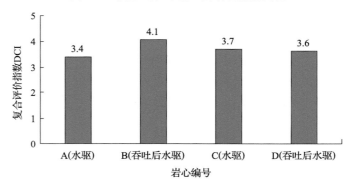

图 5.18 岩心实验后的物性改变

2. 不同注入介质驱替开采机理的在线核磁共振研究

本节使用模拟地层水、活性水、CO_2、N_2 这四种常见的注入介质对致密油岩心进行室内驱油实验。并利用在线核磁共振技术，在恒温恒压下测量不同驱替量下的 T_2 数据并进行磁共振成像。计算岩心内部的孔隙结构，对比了不同注入介质下的采出程度及残余油饱和度，并通过磁共振成像直观地比较了不同注入介质的驱油效果。

1) 不同注入介质驱替在线核磁实验过程

实验所选岩心取自鄂尔多斯盆地 C 油田 B 致密储层。粒度以细砂为主，粉砂岩和泥岩含量较高，粒度整体偏细，岩性偏致密。B 致密储层物性较差，渗透率一般小于 $0.5 \times 10^{-3} \mu m^2$，并且整体面孔率较低，孔喉半径整体较小。孔喉半径主要分布在 $20 \sim 100 nm$，孔喉配位数在 $1 \sim 4$，孔喉连通性较差，天然裂缝较发育。岩石脆性指数在 45% 左右。初始含油饱和度在 50%$\sim$70%。地层原油性质较好，原油密度为 $0.75 g/cm^3$，原油黏度在 $2 mPa \cdot s$ 以下。储层无边底水，天然能量不足，属低压油藏。实验岩心的平均孔隙度为 14.6%，气

测渗透率为 $0.22 \times 10^{-3} \sim 1.59 \times 10^{-3} \mu m^2$，整体润湿性为中性润湿。将 16 块岩心根据不同的注入介质分为 4 组，其中，活性水组包含样品 B、F、J、N；水组包含样品 A、E、I、M；CO_2 组包含样品 C、G、K、O；N_2 组包含样品 D、H、L、P。具体参数如表 5.4 所示。

表 5.4　驱替实验岩心参数表

编号	长度/cm	直径/cm	渗透率/$10^{-3} \mu m^2$	孔隙度/%	润湿性	注入介质
A	5.25	2.49	0.229	9.27	油湿	水
B	5.16	2.48	0.196	10.25	中性润湿	活性水
C	5.19	2.50	0.237	9.63	中性润湿	CO_2
D	5.22	2.49	0.206	9.88	弱油湿	N_2
E	5.37	2.49	0.537	13.52	中性润湿	水
F	5.47	2.50	0.593	12.57	中性润湿	活性水
G	5.38	2.50	0.516	13.68	中性润湿	CO_2
H	5.40	2.44	0.521	14.71	中性润湿	N_2
I	5.20	2.48	0.933	15.99	中性润湿	水
J	5.41	2.50	0.928	15.36	中性润湿	活性水
K	5.15	2.49	0.949	16.24	中性润湿	CO_2
L	5.49	2.50	1.057	15.38	中性润湿	N_2
M	5.57	2.48	1.592	16.92	中性润湿	水
N	5.32	2.50	1.521	16.83	中性润湿	活性水
O	5.45	2.49	1.536	17.53	中性润湿	CO_2
P	5.39	2.49	1.519	16.32	中性润湿	N_2

实验原油取自岩心所在的油藏，其在 67℃（地层温度）时黏度为 2.08mPa·s，密度为 0.77g/cm³，属于轻质原油。蒸馏水配制的模拟地层水的含盐量为 80g/L，同时用氘水配制含盐量为 80g/L 的模拟地层水。以 2g/L 的比例向氘水中加入石油磺酸盐 TRS10 制备活性水，用 TX-500C 界面张力仪测定不同体系的界面张力，具体见表 5.5。TRS10 能有效降低油水界面张力，在地层温度下仍有效。为了保证相同的注入压力（10MPa），CO_2 驱实验采用 CO_2 非混相驱。

表 5.5　不同体系的界面张力　　　　　　　　　　（单位：mN/m）

体系	界面张力	
	25℃	67℃
模拟地层水+原油	23.39	15.71
TRS10+模拟地层水+原油	0.126	0.076

实验具体步骤如下：将选取的 16 块岩心进行标号、洗油、烘干，之后称取干重，测量直径、长度、空气渗透率、孔隙度等基础参数。将岩心进行抽真空饱和模拟地层水，完成后用核磁共振仪测试岩心饱和水状态的核磁 T_2 谱和 MRI 图像，其中 MRI 图像的成像方向为弱冠面。之后用氘水饱和岩心用来消除核磁信号，用以除去水相的核磁信号。

之后用原油饱和岩心，完成后用核磁共振设备在线测试岩心饱和原油状态下的核磁 T_2 谱和磁共振成像。为了防止核磁信号引入，利用氘水进行注入实验。对各组岩心分别进行了水驱、活性水驱、CO_2 驱和 N_2 驱试验。驱替压力逐渐增大到 10MPa，回压设定为 7MPa，每块岩心的驱替量为 20PV。在驱替实验中，在不同驱替量下，利用核磁共振设备在线测试岩心的核磁 T_2 谱和磁共振成像。最后利用核磁数据分析孔隙体积、流体饱和度、采出程度和剩余油分布，以及物性变化等。

2）岩心初始状态分析

实验岩心的孔隙分布与含油饱和度如图 5.19 和图 5.20 所示。岩石的孔隙结构与渗透性密切相关，岩心渗透率越低，纳米级孔隙占的比例越大。当岩心渗透率为 $0.2\times10^{-3}\mu m^2$ 时，纳米级孔隙与微纳米级孔隙所占的比例大于 50%。随着岩心渗透率的增加，亚微米级孔隙和微米级孔隙所占的比例逐渐增大。当岩心渗透率大于 $1.5\times10^{-3}\mu m^2$ 时，亚微米级孔隙与微米级孔隙所占的比例约为 80%。渗透率为 $0.2\times10^{-3}\mu m^2$ 的岩心的孔隙体积中，纳米级孔隙和微纳米级孔隙所占比例很大，但原油含量很少。产生这种现象的主要原因是这些孔径小于 $0.1\mu m$，随着渗透率降低，岩心孔隙的连通性变差，在正常的驱替压力梯度下，

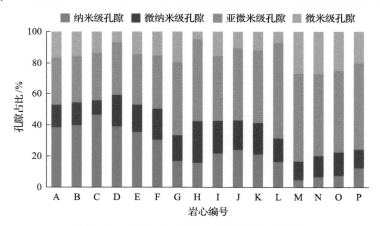

图 5.19　致密油砂岩岩心不同孔隙的体积比

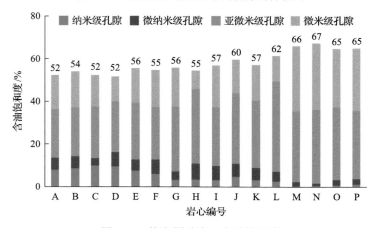

图 5.20　饱和原油岩心含油饱和度

原油分子团难以进入。致密油藏矿物组成复杂，分布随机，岩石表面润湿性不均匀，属于混合润湿。在渗吸置换过程中存在逆向渗吸过程，小孔中的润湿性一般为水湿，大孔一般为油湿。由于没有足够的毛细管力，油滴不能通过逆向渗吸进入孔道。因此，随着岩心孔隙度和渗透率的降低，原油饱和岩心的难度越来越大。实验岩心的平均含油饱和度为 58.2%，接近取心致密油储层含油饱和度（65%）。

3) 驱替开采过程与采油机理分析

根据核磁在线数据，岩心在不同注入介质下的开采过程分析如图 5.21 所示。驱替实验中岩心不同孔隙的采出程度、残余油饱和度如图 5.22 和图 5.23 所示。可以看出，两种注液的采出程度均随驱替量的增加在 2PV 左右有一个拐点，2PV 前随着驱替量的增加，采出程度迅速增加，在驱替量达到 2PV 后采出程度增加缓慢。这表明，当驱替量达到 2PV 左右时，注入介质基本扩散到整个岩心能够进入的孔隙中。注活性水的驱油效果优于常规水驱，活性水在纳米级孔隙和微纳米级孔隙中的驱油效果比注水提高 42%，整体上活性水驱比常规水驱采出程度能够提高 10%以上。两种注气驱替的采油效果明显优于两种注水驱替。与水驱相比，气驱采出程度在开始 1PV 时明显增加，拐点出现明显提前，注入 1PV 后，采出程度提高缓慢。CO_2 驱采出程度比 N_2 驱提高 10%。气驱在微米级孔隙和亚微米级孔隙上的采出程度比水驱提高 60%～70%，然而在纳米级孔隙和微纳米级孔隙上的采出程度比水驱要低 50%，说明气驱的指进效应更为严重。岩心渗透率越低，渗吸采油比例越高，同时岩心整体是中性润湿，注入水能有效驱替半径小于 0.1μm 的孔隙中的原油。当气体贯穿岩心时，气体流动阻力减小，气体流量明显增加，导致纳米级孔隙和微纳米级孔隙中的原油难以采出。当驱替量相同时，气驱所用时间是水驱的 50%。在气驱开发中应控制注入量和注采压差不要过高，使气体尽可能扩散到微纳米级孔隙中，延长气体与原油之间的接触时间。

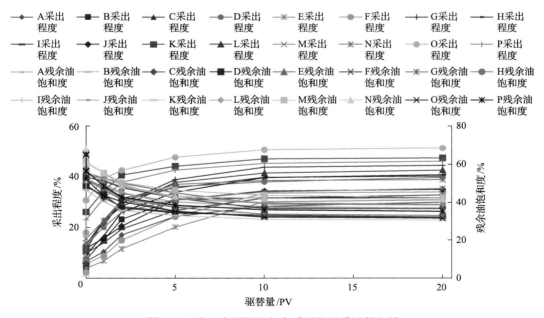

图 5.21　岩心在不同注入介质下的开采过程分析

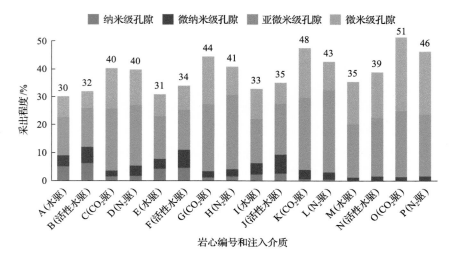

图 5.22　驱替后岩心的采出程度

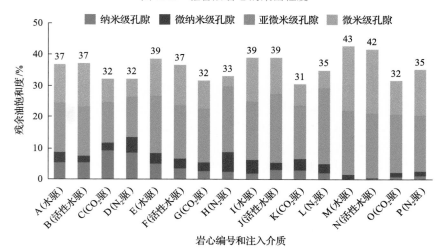

图 5.23　驱替后岩心的残余油饱和度

　　对比不同孔隙的采出程度，纳米级孔隙和微纳米级孔隙内的活性水驱采出程度比常规水驱提高 30%～50%。此外，岩心渗透率越低，活性水在纳米级孔隙和微纳米级孔隙中的驱油效果越好。产生这种现象的原因是表面活性剂降低了界面张力，使油滴在孔隙中变形，从而降低油滴通过孔道的阻力。此外，表面活性剂改变了孔隙内表面的润湿性，有效降低了流动阻力，增加了原油在水中的分散度，从而可以采出更多的原油。在 3MPa 的注采压差下，CO_2 流速比 N_2 快，气体通道形成早，高流速不利于纳米级孔隙和微纳米级孔隙中原油的采出，导致 CO_2 对纳米级孔隙和微纳米级孔隙具有较低的采出程度。对比两种气驱采油效果，CO_2 驱油效果优于 N_2 驱。N_2 几乎不溶于原油，而随着压力的增加，CO_2 在原油中的溶解度增加，能够使得原油黏度和油气界面张力降低。CO_2 驱油非常依赖于萃取作用，会导致重组分沉淀和流动阻力增大，进而降低了纳米级孔隙和微纳米级孔隙的采收率。

　　岩心残余油饱和度与孔隙结构、渗透率、初始含油饱和度都有关系，总体来看残余油主要分布在大于 0.1μm 的孔隙中。在相同渗透率水平下，气驱后岩心残余油饱和度比水驱低 10%～25%。在微米级孔隙中，气驱后岩心残余油比水驱少 40%～50%，但水驱后的岩心残余油在纳米级孔隙和微纳米级孔隙上均低于气驱后的岩心残余油。其原因是两种水驱由于扩散速度较慢，能有效通过渗吸作用采出纳米孔和微纳米孔中的油。两种水驱相比，活性水驱后残余油饱和度略低于常规水驱。特别是在微纳米级孔隙中，活性水驱后残余油比常规水驱后低 45%。对比两种气驱，CO_2 驱后残余油比 N_2 驱少 9%。两种气驱后，残余油分布较接近。在相同的驱替压力和驱替量下，CO_2 驱油效果最好。

　　图 5.24 是 $1.5 \times 10^{-3} \mu m^2$ 岩心 M、N、O 和 P 在不同注入介质驱替过程中不同阶段的 MRI 图像，成像方向为冠状面，驱替方向为从左向右。可以看出，驱油效果由好到差依次为 CO_2 驱、N_2 驱、活性水驱和常规水驱。并且两种气驱效果明显优于水驱。特别是当驱替量为 1PV 时，CO_2 驱的 MRI 图像信号量明显低于其他注入介质，表明注入少量的 CO_2 驱油效果显著。

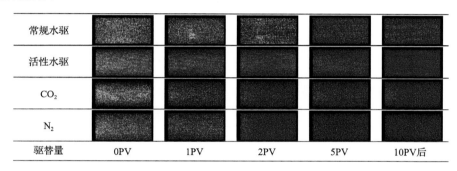

图 5.24　不同注入介质驱替过程 MRI 图像对比

　4) 不同注入介质驱替过程关键物性参数变化分析

　　不同注入介质驱替实验过程中，岩心的边界黏度与原位黏度的变化如图 5.25 所示。边界黏度整体上变化较小，说明实验中的驱替过程并没有对边界层原油有效动用。整体

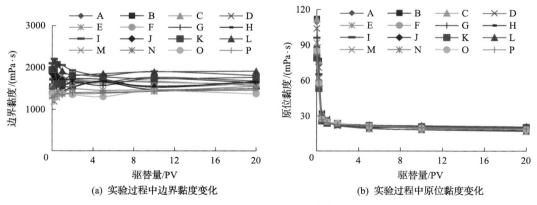

图 5.25　实验过程中黏度变化

上,原位黏度变化以1PV为界分为两个明显的阶段:第一阶段由于体相原油被大量采出,原位黏度下降明显;当注入水贯穿岩心后进入第二阶段,原位黏度下降较缓。

岩心在不同注入介质驱替过程中的润湿性变化如图 5.26 所示。实验岩心是典型的致密储层岩心,初始状态岩心处于混合润湿状态,整体表现为中性润湿。经过驱替后,岩心润湿性明显都向亲水方向转变,平均润湿性改变指数为 0.24,最终平均动态润湿指数为 0.19,为弱水湿。特别是 CO_2 驱后润湿性向水湿转变更强烈,说明 CO_2 驱过程中岩心孔道内部分矿物被其酸性溶解,导致孔道扩展暴露出部分亲水矿物,使得岩心驱替后润湿性明显亲水。

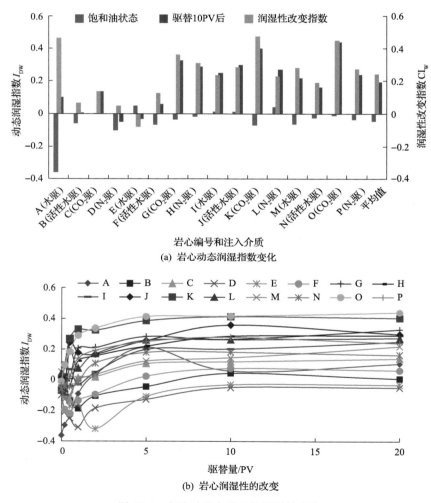

(a) 岩心动态润湿指数变化

(b) 岩心润湿性的改变

图 5.26　实验过程中岩心的润湿性变化

岩心经过驱替实验后的整体物性变化如图 5.27 所示。岩心平均物性动态变化复合评价指数为 3.7。整体上不同注入介质与整体物性改变没有明确的对应关系。渗透率最低的 $0.2 \times 10^{-3} \mu m^2$ 级别岩心的物性改变比更高渗的岩心大。

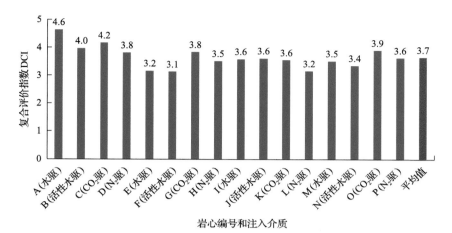

图 5.27　岩心实验后的物性改变

5.2.2　大模型注水、注 CO_2 吞吐采油机理研究

1. 大模型注水吞吐采油机理研究

利用自主研发的大型露头岩样高压物理模拟实验系统,建立超低渗透油藏注水吞吐物理模拟实验方法,分析注水吞吐采油机理。

1)注水吞吐物理模拟实验技术

物理模拟实验研究是渗流机理研究的重要手段之一。为了研究注水吞吐的影响因素,更好地模拟分段压裂水平井的主裂缝控制区域,在一维模型线性流的基础上,考虑 Y 方向的流动,设计了二维模型,将露头模型切割成 40cm×30cm×2.7cm 的二维模型。模型设计图如图 5.28 所示。注水吞吐二维物理模拟实验的模型制作、实验系统和实验步骤有别于注水吞吐一维物理模拟实验。天然露头的筛选、抽真空饱和水、饱和油样等过程与大模型模拟实验的流程相同。

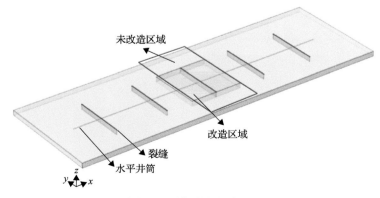

图 5.28　模型设计原理图

(1)模型制作。

取露头岩样,切割成 40cm×30cm×2.7cm 的长方体模型,测试岩样气测渗透率。之

后在模型左端运用线切割设备制作一条长 9cm 的无限导流能力裂缝。该裂缝模拟分段压裂水平井的一条主裂缝，由于模型宽度为 30cm，增大了渗流面积，模型内部的油水运动方式为线性流。之后在模型正面均匀设置 29 个压力测点，并装配高精度的压力传感器，实时精确记录模型不同位置、不同时间的压力变化规律，同时 29 个压力测点也作为饱和油的端口。另外在模型背面均匀设置 56 个电阻率测点，实时精确记录模型不同位置、不同时间的油水饱和度变化规律。模型压力测点和电阻率测点设置如图 5.29 所示。

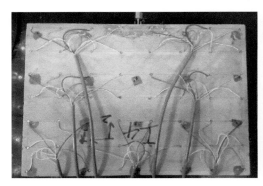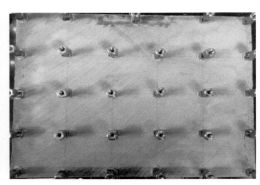

图 5.29　模型压力测点和电阻率测点设置图

(2) 实验系统。

二维模型注水吞吐物理模拟实验系统如图 5.30 所示，注水吞吐实验系统包括岩样、注入系统、采出系统和监测系统四部分。其中，注入系统是由 Quizix 驱替泵和装有地层水的中间容器经管阀件连接模型注入端口；采出系统是由油水分离计量装置经管阀件连接模型采出端口；压力监测系统由模型正面均匀布设的 29 个压力测点组成，装配有高精度的压力传感器；电阻率监测系统由模型正面均匀布设的 56 个电阻率测点组成。然后将实验模型置于大型露头模型高压夹持器内，模拟地层压力下的注水吞吐实验。

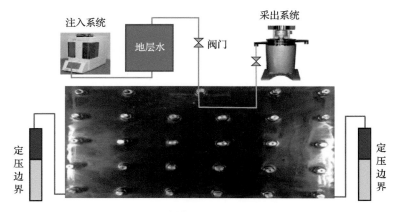

图 5.30　二维模型注水吞吐实验装置

(3) 实验步骤。

模拟现场注水吞吐过程中注水、关井和采油 3 个阶段：①关闭所有注入口只保留裂缝端测点 3 开启(图 5.30 注入系统所示)，以恒定速度从测点 3 注入地层水，模拟注水过程，起到补充地层能量的作用，使模型中油水饱和度重新分布；②关闭测点 3，在恒定压力下焖井若干小时，模拟关井过程，模型压力重新分布，形成新的压力场，在此过程中注入水通过毛细管力进行渗吸置换，形成新的油水平衡；③开启裂缝两端测点 3，模拟采油过程，在裂缝附近形成压降漏斗，使地层能量释放，模型中渗吸出来的原油进入裂缝，经油水计量实验装置计量；④以同样的流程进行第二个吞吐轮次实验。

2）注水吞吐实验采出程度分析

选择两块不同渗透率的大模型岩样，渗透率分别为 2mD 和 0.2mD，实验结果如图 5.31 和图 5.32 所示。

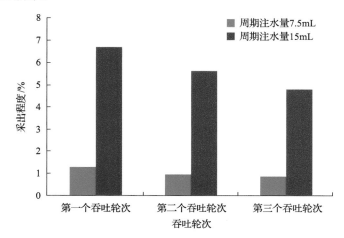

图 5.31 2mD 露头模型不同注水量吞吐采出程度对比

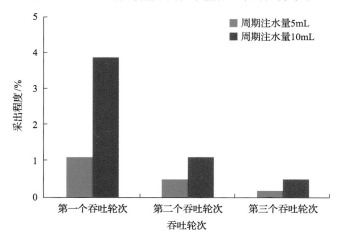

图 5.32 0.2mD 露头模型不同注水量吞吐采出程度对比

通过 2mD 露头模型不同注水量吞吐采出程度发现，随着吞吐轮次的增加，周期采出程度逐渐降低，每一轮次呈现初期产量高、递减较快的规律。周期注水量为 7.5mL 时，采出程度由第一个吞吐轮次的 1.3%降为第三个吞吐轮次的 0.9%，三轮吞吐后的累计采出程度为 3.2%；周期注水量为 15mL 时，采出程度由第一个吞吐轮次的 6.7%降为第三个吞吐轮次的 4.8%，三轮吞吐后的累计采出程度为 17.1%。随着周期吞入水量的增加，采油量大幅度增加，在注入体积增加一倍的情况下，采油量提高约 6 倍，水换油率提高约 3 倍。

从 0.2mD 露头模型不同注水量吞吐采出程度可以看出，随着吞吐轮次的增加，周期采出程度逐渐降低。周期注水量为 5mL 时，采出程度由第一个吞吐轮次的 1.1%降为第三个吞吐轮次的 0.2%，三轮吞吐后的累计采出程度为 1.8%；周期注水量为 10mL 时，采出程度由第一个吞吐轮次的 3.8%降为第三个吞吐轮次的 0.5%，三轮吞吐后的累计采出程度为 5.4%。随着周期吞入水量的增加，采油量大幅度增加，在注入体积增加一倍的情况下，采油量提高约 3 倍，水换油率提高约 1.5 倍。

注水量是影响吞吐效果的重要因素，保证一定的注水量进入基质是获得良好吞吐效果的重要条件。渗透率通过影响吞吐过程中注入水波及区域进而影响采出程度。

2. 分段压裂水平井注 CO_2 吞吐开采机理研究

1) 分段压裂水平井注 CO_2 吞吐物理模拟系统

在自主研发的大型露头岩样高压物理模拟系统的基础上，考虑分段压裂水平井注 CO_2 吞吐的开发方式，设计了大模型多点升温与注 CO_2 吞吐回压控制设备，研发了分段压裂水平井注 CO_2 吞吐物理模拟系统。

多点升温和测量方法：自主研发的大型露头岩样高压物理模拟系统模拟的最高压力为 25MPa，常温条件。而在进行分段压裂水平井注 CO_2 吞吐时，必须考虑温度对注 CO_2 吞吐开发效果的影响，主要原因：①CO_2 气体在高于临界温度 31.26℃和压力高于临界压力 7.2MPa 状态下处于超临界状态。在该状态下，其密度近于液体，黏度近于气体，扩散系数为液体的 100 倍，具有较大的溶解能力，能够充分发挥地层油的弹性膨胀能。若注入的 CO_2 处于超临界状态，则实验的温度至少应高于 CO_2 气体的临界温度 31.26℃。②高温气态 CO_2 的溶解、膨胀、降黏作用与常压相比十分明显，因此，实验温度要模拟地层温度。

考虑露头岩样和大模型岩心夹持器的加热面积比较大，因此，研发了多点升温和测量系统来解决大模型注 CO_2 吞吐的温度问题。即在大模型岩心夹持器的内部采用循环水浴装置进行加热升温，在大模型岩心夹持器的外部采用加热套进行加热升温，并在高压大模型物理模拟实验系统上增加了测温装置(图 5.33)。通过该系统，可以较快地将大模型的温度升高到地层温度，并可观测大模型中的温度变化过程，满足实验的需求。

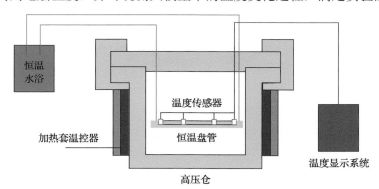

图 5.33　多点升温和测量系统

注 CO_2 吞吐回压控制及测量实验方法：在注 CO_2 吞吐过程中，出口压力的控制对生产动态的影响很大，因此，在实验中必须考虑回压的控制和测量的精度。常规回压实验系统在超低流速下，其回压控制波动很大，不能满足精确控制要求，需要研制新的回压控制设备。同时，需要对测量方法和测量设备进行设计。设计了带活塞的中间容器，利用气体进行回压控制，并且采用了以下实验方法：①用 2 个中间容器来切换，满足分段计量的需要；②设计特殊活塞来满足不同位置活塞上下移动受力面积一致，避免测量过程中压力波动；③采出口补压设计(气体或水，"死体积"标定)，保证切换过程中不会出现压力波动；④采用电磁阀和气动阀进行切换，保证切换速度。图 5.34 为吞吐回压控制及测量实验系统，通过回压控制中间容器的设计，稳定控制回压，并能够进行精确测量。

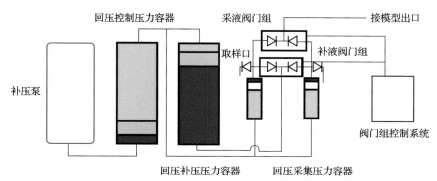

图 5.34　吞吐回压控制及测量实验系统

2) 注 CO_2 吞吐开采机理

注 CO_2 "吞"的实验过程压力场变化规律如图 5.35 所示，CO_2 首先进入水平井，其次沿裂缝进入裂缝及周围区域，使裂缝周围区域压力升高并逐渐扩展到整个模型，在注入结束时，模型压力达到较均匀程度。由于水平井和人工裂缝的存在，CO_2 沿水平井和裂缝快速进入地层深部，使 CO_2 能够与地层深部的原油发生相互作用，而且水平井和裂缝

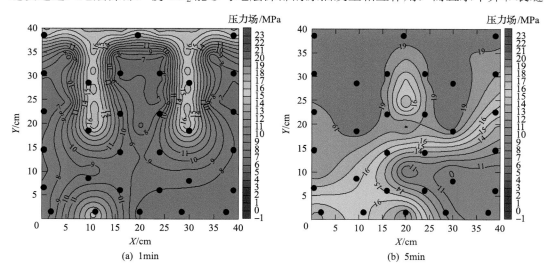

(a) 1min　　　　　　　　　　　　　(b) 5min

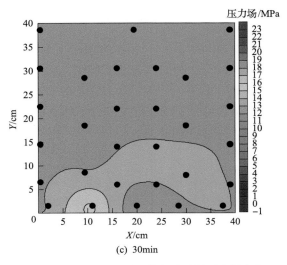

图 5.35　注 CO_2 "吞"的实验过程压力场变化

X-模型长度；Y-模型宽度，下同

的存在极大地增加了 CO_2 与原油的接触面积，使 CO_2 与原油能够发生高效萃取、溶解、降黏等作用。因此，分段压裂水平井可以极大地提高 CO_2 的利用效率，充分发挥 CO_2 补充能量和改善原油流动性能的作用。

注 CO_2 "吐"的实验过程压力场变化规律如图 5.36 所示，开始生产时，压力等值线在裂缝附近分布较均匀且平行裂缝方向，在靠近裂缝的区域等值线分布密集，说明在裂缝附近为近线性流，相比于平面径向流其渗流阻力更小，裂缝和水平井可有效降低渗流阻力，提高原油流动能力。随着开发的进行，整个模型压力越来越低，压力等值线分布较稀疏，说明地层能量已得到较好的利用。因此，分段压裂水平井进行注 CO_2 吞吐可以有效改变地层渗流场，降低渗流阻力，从而增加单井产量。

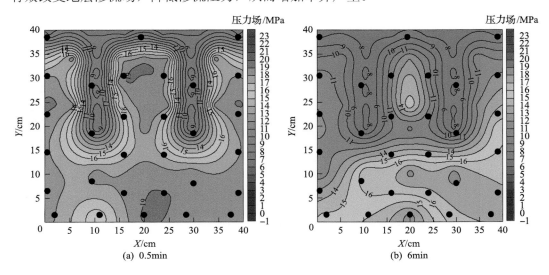

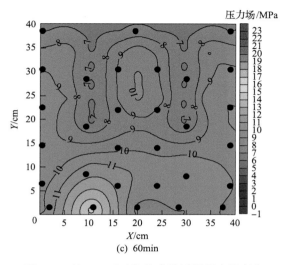

图 5.36　注 CO_2 "吐" 的实验过程压力场变化

利用大型露头岩样高压物理模拟系统，可以有效模拟注 CO_2 吞吐过程中的渗流过程，为揭示注 CO_2 吞吐开采机理提供有效手段，其在分段压裂水平井的推广应用提供理论指导。

3）注 CO_2 吞吐开采效果评价

由图 5.37 可见，当分段压裂水平井进行弹性开采时，其采出程度为 9%，与油田预测弹性采出程度接近。通过多轮次的吞吐，注 CO_2 吞吐后的最终累计采出程度比弹性开采累计采出程度多了 12.5 个百分点。即分段压裂水平井进行注 CO_2 吞吐，可以有效提高动用效果。随着多轮次吞吐，CO_2 利用率越来越低，通过吞吐提高的采出程度降低。

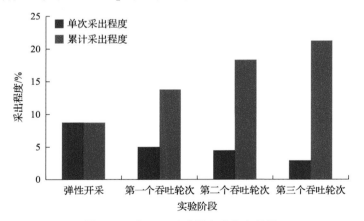

图 5.37　注 CO_2 吞吐提高采收率效果

4）不同参数对注 CO_2 吞吐效果的影响

对 5 组大模型进行物理模拟实验，表 5.6 为不同模型分段压裂水平井不同开发方式下的实验结果。

表 5.6 模型基础参数及不同开采方式下的采出程度

模型	孔隙度 /%	渗透率 /$10^{-3}\mu m^2$	注入压力 /MPa	焖井时间 /min	采出程度/%			
					弹性开采	第一个吞吐轮次	第二个吞吐轮次	第三个吞吐轮次
模型 a	10.18	0.56	22	15	5.41	7.07	6.54	5.86
模型 b	10.76	0.53	19	15	6.15	5.38	3.48	2.27
模型 c	12.16	0.95	19	15	8.63	7.63	5.27	3.83
模型 d	11.96	0.98	19	30	7.63	8.29	7.99	4.08
模型 e	12.43	0.93	19	60	7.99	9.15	9.08	3.16

(1)注入压力的影响。

利用模型 a 和模型 b 分别在 22MPa 和 19MPa 下进行注 CO_2 吞吐物理模拟实验(表5.6)。模型 a 和模型 b 在弹性开采条件下采出程度接近,经过 3 轮次吞吐以后,模型 a 提高采收率 19.47 个百分点,而模型 b 提高采收率 11.13 个百分点,因此,注入压力越高,注 CO_2 吞吐提高采收率效果越好。分析认为:①该区块最小混相压力为 17.8MPa,两模型都在最小混相压力以上,开采阶段,地层压力逐渐下降至最小混相压力以下,而较高的压力保证了在最小混相压力以上的混相驱阶段具有较高的采出程度;②在吞吐开采阶段,模型 a 和模型 b 压力接近(图 5.38),但在较高的注入压力下,其 CO_2 注入量更大,使原油具有更高的膨胀能。

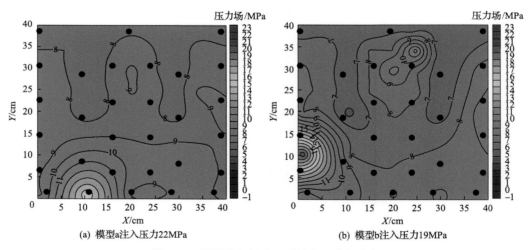

(a) 模型a注入压力22MPa　　　　　　　(b) 模型b注入压力19MPa

图 5.38 不同注入压力开采阶段压力场分布

(2)焖井时间的影响。

利用模型 c、模型 d 和模型 e 分别进行注 CO_2 吞吐物理模拟实验。三个模型在弹性开采条件下采出程度接近,经过 3 轮次吞吐以后,模型 c 采出程度提高 16.73 个百分点,模型 d 采出程度提高 20.36 个百分点,模型 e 采出程度提高 21.39 个百分点,可见随着焖井时间的延长,注 CO_2 吞吐采出程度和累计采出程度逐渐增加,且随着焖井时间的延长,注 CO_2 吞吐提高采收率程度趋于变缓,当焖井时间超过 30min 时,增加焖井时间对注 CO_2

吞吐提高采收率效果有限。分析认为：随着焖井时间增加，CO_2 扩散到模型的深部或者边部区域，与原油更充分地接触，模型压力分布更加趋于平稳(图 5.39)，而当焖井时间达到 30min 以后，模型的压力变化较小，整个模型压力趋于平稳，再增加焖井时间提高采出程度效果不明显。

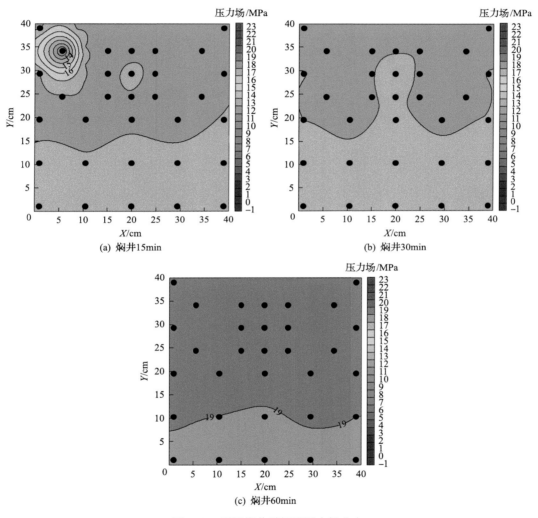

图 5.39　不同焖井时间下压力场分布

(3)注 CO_2 吞吐原油采出组分分析。

对不同吞吐轮次采出原油组分进行分析(图 5.40)，分段压裂水平井注 CO_2 吞吐时，首先采出原油中的轻质组分，随着吞吐轮次的增加，采出原油的拟组分谱右移，采出原油的轻质组分含量减少，重质组分含量增加，流动阻力增大，产生堵塞现象。分析认为：芳烃对非烃和沥青质的溶解性明显优于饱和烃，因此，芳烃的快速萃取会造成非烃和沥青质析出，从而产生堵塞。因此，现场进行 CO_2 吞吐时，需进行原油组分分析和室内物理模拟实验，优选注 CO_2 吞吐的工艺技术进行现场试验。

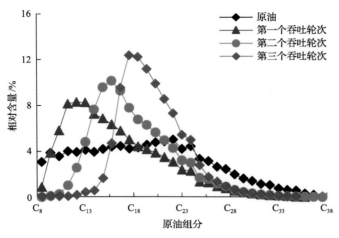

图 5.40　不同吞吐轮次采出原油组分变化

5.2.3　不同注入介质吞吐实验小结

通过注入不同介质对比分析不同注入介质时吞吐物理模拟实验结果(图 5.41、图 5.42)，由图可以看出：随着吞吐轮次的增加，注水吞吐周期采出程度逐渐降低，采出程度由第一个吞吐轮次的 1.3% 降为第四个吞吐轮次的 0.8%，四轮吞吐后的累计采出程度为 4%；注 CO_2 吞吐周期采出程度基本不变，维持在 6%～9.3%，四轮吞吐后的累计采出程度为 29.7%。

通过注水吞吐后注 CO_2 吞吐的物理模拟实验研究注水吞吐后注 CO_2 吞吐的可行性，第一轮次注水吞吐采出程度为 1.6%，之后三个轮次注 CO_2 吞吐周期采出程度维持在 7.4% 左右，四轮吞吐后的累计采出程度为 23.6%。

因此，在实验条件下，注 CO_2 吞吐效果明显好于注水吞吐和注水吞吐后注 CO_2 吞吐，累计采出程度是注水吞吐的 7.4 倍，因此，注 CO_2 吞吐可以有效地提高特低渗透-致密油藏的采收率。

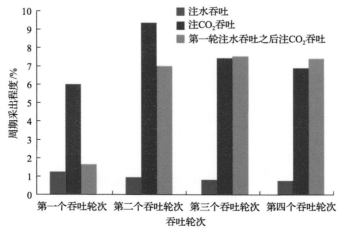

图 5.41　不同注入介质吞吐周期采出程度对比

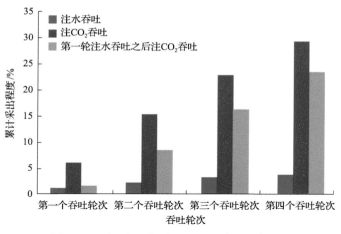

图 5.42　不同注入介质吞吐累计采出程度对比

不同注入介质吞吐过程中注入体积的大小和有效补充能量的强度相关，但是三组实验所用模型不同，每个模型总的孔隙体积也不同，因此注入体积不能准确表征有效补充能量的强度。通过式(5.1)计算三组实验的注入孔隙体积倍数来表征有效补充能量强度。研究相同注入条件下注入孔隙体积倍数对不同注入介质吞吐补充能量效果的影响。

$$PV_{介质}=\frac{V}{V_T\phi} \tag{5.1}$$

式中，$PV_{介质}$为注入介质的 PV 数；V 为注入介质体积；V_T 为总的孔隙体积；ϕ 为孔隙度。

不同注入介质吞吐注入体积大小如表 5.7 所示，不同介质注入孔隙体积倍数如表 5.8 所示。注水吞吐过程中每轮注入 PV 数基本相同，为 0.035PV，累计注入 PV 数为 0.140PV；

表 5.7　不同注入介质吞吐注入体积对比　　　　　　　　　（单位：mL）

注入介质吞吐	注入量				
	第一轮吞吐	第二轮吞吐	第三轮吞吐	第四轮吞吐	累计注入量
注水吞吐	7.5	7.4	7.4	7.5	29.8
注 CO_2 吞吐	18	40	18	23	99
注水吞吐后注 CO_2 吞吐	注水吞吐	注 CO_2 吞吐	注 CO_2 吞吐	注 CO_2 吞吐	64.3
	7.3	18	26	13	

表 5.8　不同介质注入孔隙体积倍数对比　　　　　　　　　（单位：PV）

注入介质吞吐	注入 PV 数				
	第一轮吞吐	第二轮吞吐	第三轮吞吐	第四轮吞吐	累积注入量
注水吞吐	0.035	0.035	0.035	0.035	0.140
注 CO_2 吞吐	0.085	0.188	0.085	0.108	0.466
注水吞吐后注 CO_2 吞吐	注水吞吐	注 CO_2 吞吐	注 CO_2 吞吐	注 CO_2 吞吐	0.292
	0.033	0.082	0.118	0.059	

注 CO_2 吞吐过程中每轮注入 PV 数变化较大，在 0.085PV 至 0.188PV，累计注入 PV 数为 0.466PV；注水吞吐后注 CO_2 吞吐实验第一轮次注入 PV 数与注水吞吐实验基本相同，为 0.033PV，之后三个轮次注 CO_2 吞吐过程中注入 PV 数变化较大，在 0.059PV 至 0.118PV，累计注入 PV 数为 0.292PV。

分析可得，注 CO_2 吞吐实验的注入 PV 数远高于注水吞吐的注入 PV 数，是注水吞吐注入 PV 数的 3 倍左右。因此，与水相比 CO_2 的注入能力更强，注 CO_2 能够有效补充地层能量。

5.3 超低渗透-致密油藏有效开发模式研究

将室内物理模拟实验研究成果与储层特征相结合，初步建立了超低渗透油藏两类有效开发模式：一类是针对 I 类储层提出的以"体积压裂"为核心的直井及不同井型组合的有效驱动开发模式（以下简写为"直井体积压裂有效开发模式"）；一类是针对 II 类储层提出的以"体积压裂""不同注入介质吞吐"或"缝间驱替"为核心的水平井开发动用模式（以下简写为"水平井体积压裂有效开发模式"）。

体积改造的定义有广义与狭义之分[10]。广义的体积改造是指提高储层纵向剖面动用程度、渗流能力及增大储层泄油面积的储层改造技术；狭义的体积改造是指通过压裂手段产生网络裂缝的储层改造技术。体积压裂的核心理论是通过体积压裂对储层实施改造，在形成一条或者多条主裂缝的同时[11,12]，通过分段多簇射孔、高排量、大液量、低黏液体以及转向材料与技术等的应用，实现对天然裂缝、岩石层理的沟通，以及在主裂缝的侧向形成次生裂缝，并在次生裂缝上继续分支形成二级次生裂缝，以此类推，使主裂缝与多级次生裂缝交织形成裂缝网络系统，将可以进行渗流的有效储集体打碎，使裂缝壁面与储层基质的接触面积最大，从而使油气从任意方向的基质向裂缝的渗流距离最短，极大地提高储层整体渗透率，实现对储层在长、宽、高三维方向的全面改造。该技术不仅可以大幅度提高单井产量，还能够降低储层有效动用下限，最大限度提高储层动用率和采收率。

5.3.1 直井体积压裂有效开发模式

以"体积压裂"为核心的直井及不同井型组合的有效驱动开发模式的内涵：通过储层体积改造，建立直井及不同井型组合之间的有效驱动压力体系，实现地下能量的有效补充，从而达到提高超低渗透油藏动用效果的目的。

1. 直井体积压裂渗流规律研究

为了研究宽带压裂动用的渗透率界限和不同压裂带宽对压裂效果的影响，选择两种渗透率，渗透率分别为 0.1～0.3mD（难以建立有效压力驱替系统）和 1～2mD（能够建立有效压力驱替系统），制作三种不同压裂带宽共 6 块平板模型，如图 5.43 和表 5.9 所示。

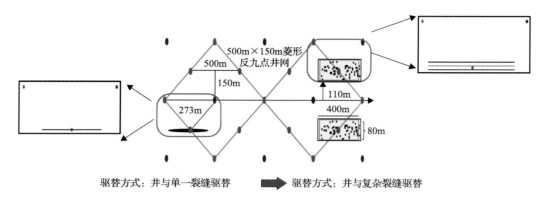

图 5.43　典型井网与对应的实验模型示意图

表 5.9　模型设置情况

平板露头编号	模型编号	平均渗透率/$10^{-3}\mu m^2$	模型尺寸/cm	裂缝类型
L9	1	0.31	40×12	单一裂缝
	2			两条裂缝
	3			三条裂缝
M4	4	1.35		单一裂缝
	5			两条裂缝
	6			三条裂缝

1）模型制作

模型制作是本实验的关键，模型设计要保证实验在流动过程中几何相似、运动相似和动力相似，要满足一系列的相似准数，最难的部分在于裂缝的等效设计。因为在地层中的人工压裂裂缝宽度仅有 3～5mm，若按照常规的几何相似原则，将原型缩小到模型时人工压裂裂缝就被等效为只有 3～5μm 的孔隙，根本无法模拟压裂裂缝对渗流的影响。本节在设计裂缝时，采用等效无因次导流能力的方法，即保证实际原型和实验模型在无因次导流能力上保持一致。无因次裂缝导流能力是油井增产作业中一个主要的设计参数，它是裂缝传输流体至井眼的传导能力与地层输送流体至裂缝的传导能力的比较。因此，只要保证无因次裂缝导流能力在模型和原型上的一致性，就能保证流场的相似性。无因次裂缝导流能力 C_f 定义为

$$C_f = k_f b / k_m L \tag{5.2}$$

式中，k_f 为裂缝渗透率；k_m 为基质渗透率；b 为裂缝宽度；L 为裂缝半长；

若原型中裂缝条数为 N_1，无因次裂缝导流能力为 C_{f1}；模型中裂缝条数为 N_2，无因次裂缝导流能力 C_{f2}；模型中裂缝条数为 N_3，无因次裂缝导流能力 C_{f3}，为保证无因次裂缝导流能力相等，则有

$$C_f = N_1 C_{f1} + N_2 C_{f2} + N_3 C_{f3} \tag{5.3}$$

由于用于实验的平板模型的最大尺寸只能为 40cm×40cm，为了最大限度地利用平板露头模型反映渗流特征，选用了分段压裂水平井井组的 1/4 大小(500m×150m)按照相似比例缩小可得到平板模型的尺寸大小为 40cm×12cm。以 1 和 3 号模型为例，通过相似准则和等效无因次导流能力的方法确定模型的基本参数如表 5.10 所示。

表 5.10 井组与平板模型参数

	模型大小	基质渗透率/mD	裂缝类型	裂缝半长	裂缝宽度/cm
1/4 井组参数	500m×150m	0.35	单一裂缝/缝网	136.5m/200m	0.5
实验模型参数	40cm×12cm	0.31	一条缝/三条缝	10.9cm/16cm	0.1

2) 制作和饱和实验模型

(1)在上面两角和裂缝中间钻取深孔模拟注水井和采出井，根据注采井间压力梯度的分布规律，钻取表层浅孔(降低钻孔对平板模型流场的影响)布置 12 个测压点，测压点的布设遵循两个原则：一是测量点需要模拟主要区域；二是探头数量不应过多，探头不可避免地会对模型的压力分布产生影响，而且探头过多不利于实验模型的制作。注采井及测压点的分布如图 5.44 所示。

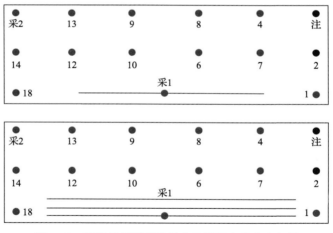

图 5.44 两种平板模型注采井及测压点的分布如图

(2)将第(1)步中处理过的模型用水冲洗，将钻孔过程中残留在注采井及测压孔中的粉末清洗干净，然后放入温度为 80℃的恒温箱中 24h。

(3)将平板露头从恒温箱中取出，静置在空气中 2～3h，让其自然冷却。用云石胶将传感器接头粘贴在钻孔处，并做好钻孔处的密封处理，防止封装用胶流入钻孔中。

(4)用模具封装模型，模型封装用模具由侧板和底板组成，板与板之间用螺栓进行连接，组装好模具后，将模具进行密封处理，防止封装用胶泄露。

(5)将平板露头垂直居中放置在模具的中间位置，将使用一定原料混合而成的封装用胶对平板露头进行浇注，静置 24h。

（6）将模具拆解，将固化后的模型放入 80℃恒温箱中 6h 进行固化处理。关闭恒温箱电源，自然冷却至室温，即得到实验用特低渗透平板模型。

（7）将特低渗透平板模型抽真空，饱和地层水。先将模型在常压下进行饱和，当在常压下模型不能够继续饱和进水时，将模型在 0.1MPa 压力下饱和 24h 后结束饱和。然后将模型静止放置 48h，以使模型充分均匀地饱和地层水。

至此，平板模型制作完成。与人工填砂模型相比，通过该法封装的物理模型能够更真实地模拟特低渗透油藏特征，平板模型最高工作压力约 1MPa，最高工作温度约 60℃，封装好的平板模型实物图如图 5.45 所示。

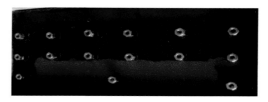

图 5.45　特低渗透平板模型实物图

3）物理模拟实验流程的建立

实验装置由驱动系统、实验模型、平面压力测量系统、压力数据采集系统、采出液流速测量系统五部分组成。

实验时，利用驱动系统提供实验所需的稳定、连续的压力，在注采井处用微流量计采集流体流量，分别记录模型上各测压点处的压力及注采井的流体流量随生产时间的变化情况，实验流程见图 5.46。

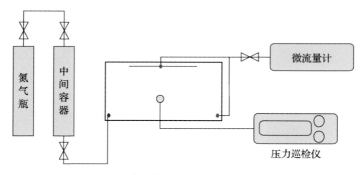

图 5.46　大型物理模拟实验流程示意图

4）实验结果分析

利用上述实验方法和流程，进行了常规压裂和体积压裂两种模型的实验。

根据模型各个测压点的数据，利用 Surfer 作图软件，绘制了平板模型的等压线分布曲线，如图 5.47 所示。由图可以看出，在渗流状态由非稳态到稳态的变化过程中，注水井附近压力梯度逐渐变小（图 5.47 右上角中等压线由密集逐渐变稀疏），采出井附近压力

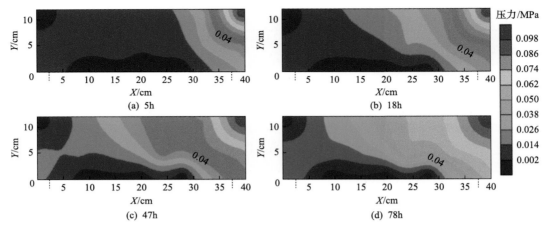

图 5.47　常规压裂驱替过程中压力分布随时间变化图

右上角为注水井，下中和左上角为采出井

梯度逐渐变大(等压线由稀疏逐渐变密集)。这是因为特低渗透平板露头启动压力度的存在，使驱替刚开始时在注水井附近形成局部高压区，随着流动时间的延长，压力逐渐向采出井附近传播。压力优先沿注水井与裂缝前端的方向传播，然后再沿着裂缝方向向采出井方向传播，裂缝的存在相当于缩短了渗流距离，使裂缝周围压力梯度增大(裂缝周围等压线逐渐变密集)。

图 5.48 为体积压裂驱替过程中压力分布随时间变化图。相比于常规压裂，体积压裂模型压力波及范围更大，侧向压降漏斗更大，动用程度更大，更有利于流体的采出，稳定所需时间更短。

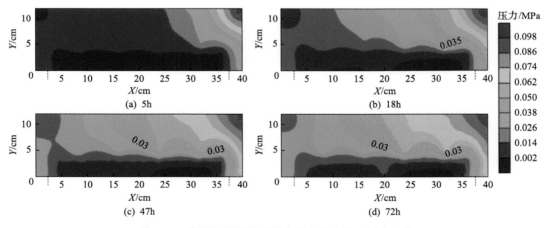

图 5.48　体积压裂驱替过程中压力分布随时间变化图

将两种实验模型的采出程度进行统计，结果如表 5.11 所示。

由于裂缝的存在，两种实验模型在最初的 18h 内，采 1 井都有液体采出，而采 2 井没有；相比于常规压裂模型，体积压裂模型采 1 井在最初的 18h 内采出的液体更多。在到达 47h 时，体积压裂模型中的采 2 井有液体采出，说明此时压力已经传播到了采 2 井

表 5.11　两种实验模型累计采出量

模型编号	模型类型		累计采出量/mL				达到稳定时间/h
			5h	18h	47h	稳定	
1	常规压裂	采1	3	23.5	82	102.5	78
		采2	0	0	0	2.5	
3	体积压裂	采1	5	31	105.5	135.5	72
		采2	0	0	1.2	3.5	

处,而常规压裂模型没有。在相同实验条件下,体积压裂模型达到稳定的时间更短,采 1 井和采 2 井最终的采出量也比常规压裂模型多,说明体积压裂更有利于流体的流动和采出。

2. 榆树林油田直井体积压裂开发效果

为探索直井缝网压裂在榆树林油田的适用性,储备有效开发技术,有效提高特低渗透-致密储层动用程度和采收率,榆树林油田自 2013 年以来,持续开展缝网压裂提产增效探索工作,个性化设计单井单层压裂规模,实现了剩余油挖潜和新区动用,初步形成一套有效做法。

1) 油田致密储层开发情况

榆树林油田扶杨油层动用地质储量 $8983.9 \times 10^4 t$,其中扶杨三类致密油层占总储量的 74.5%,采出程度仅有 6.93%。开发过程呈现的主要矛盾是"注不进、采不出",无法建立有效驱替关系,为典型的"双低"区块(表 5.12)。

表 5.12　榆树林油田扶杨油层地质及开发参数

油层分类	地质参数		孔隙度/%	渗透率/mD	含油饱和度/%	开发参数			
	储量/10⁴t					采油速度/%		采出程度/%	
	地质	可采				地质	可采	地质	可采
扶杨二类	2289.9	565.8	12.6	3.9	61.5	0.64	2.73	15.98	67.25
扶杨三类	6694	1376.3	11.9	1.7	64	0.29	1.39	6.93	33.16
扶杨合计	8983.9	1942.1	12.3	2.1	62.8	0.39	1.92	9.79	42.71

近几年在榆树林油田通过开展"井网加密-系统提压-缝网压裂"等工作(表 5.13),实现了致密油储层建立有效驱替,改善了致密油开发现状。

表 5.13　榆树林油田致密油层治理历程

治理目的	治理方式	原理	治理效果
建立有效驱替体系	井网加密	缩短驱替距离,完善注采关系	能够在一定程度上建立驱替体系,初期产量较高,但递减幅度较大
	系统提压	增大驱动压差,提高注入能力	地层压力和供液能力得到恢复,但是油井端见效较慢,采油速度较低
	缝网压裂	实施储层改造,提升导流能力	在打牢注水工作的基础上,进一步缩短驱替距离,实现有效驱替

2)"井网加密-系统提压-缝网压裂"的特低渗透储层二次开发模式

通过开展井网加密、系统提压和缝网压裂等工作,实现了特低渗透储层建立有效驱替压力体系,改善了特低渗透储层的开发效果。

(1)实施井网加密,缩短井间驱替距离。

树 322 区块 2015~2016 年实施整体加密,井排距由 300m 缩短至 150m,水驱控制程度由 61.9%提升至 89.2%,加密投产初期比加密前增油 0.9t,见图 5.49 和图 5.50。

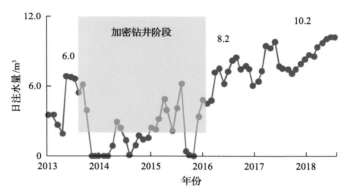

图 5.49　加密后注入状况改善井日注水曲线

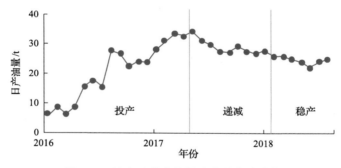

图 5.50　注入改善井连通油井日产油曲线

(2)实施系统提压,提高油层注入能力。

树 322 区块注入井启动压力高,影响注水能力。2018 年对 39 口井实施系统提压,压力由 23.8MPa 提高到 27.1MPa,日注水量由 129m³ 提高至 516m³,提高 3 倍,见图 5.51。

(3)实施缝网压裂,改善驱替条件。

围绕系统提压井组,以适度缝网压裂为"利器"实施 7 口井,单井日产油量由 1.3t 提升至 4.8t,采油速度由 0.14%提高到 0.53%,提高 2.8 倍,区块得到有效动用。

3)典型区块开发效果

2018 年选取树 322 区块采用"井网加密-系统提压-缝网压裂"的开发方式,尝试实现有效驱替。该区块含油面积为 12.70km²,地质储量为 940×10⁴t,可采储量为 173.9×10⁴t。该区块构造上属于松辽盆地中央拗陷区三肇凹陷徐家围子向斜东部斜坡,构造形态是一个由东北向西南倾斜的单斜,东北陡、西南缓。该区块于 1991 年 5 月采用 300m×300m

正方形反九点井网注水投入开发，2015～2016 年对该井区进行了整体大规模加密，井排距由 300m 缩短至 150m，水驱控制程度由 61.9%提升至 89.2%，投产初期平均单井日产油量 1.6t，但递减速度较快，见图 5.52。

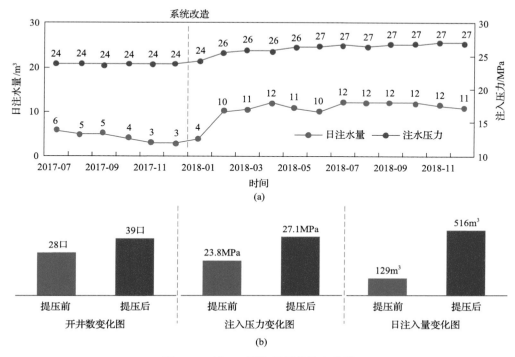

图 5.51　树 322 区块提压井注水曲线

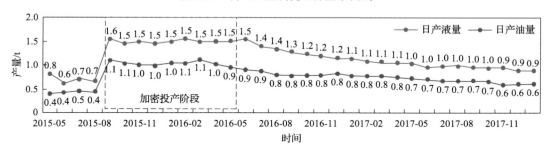

图 5.52　榆树林油田树 322 区块加密情况

5.3.2　水平井体积压裂有效开发模式

以"体积压裂""不同注入介质吞吐"或"缝间驱替"为核心的水平井开发动用模式（Ⅱ类储层）的内涵：通过储层体积改造、不同注入介质吞吐或缝间驱替等技术，实现地下能量的有效补充和全油藏联动，从而达到提高超低渗透油藏动用目的。目前，"水平井+体积压裂"实现了致密油藏初期规模动用，在长庆油田现场取得较好效果。

鄂尔多斯盆地致密砂岩油藏资源丰富，分布广泛，其中三叠系延长组长 7 层最为典型。到 2020 年为止，已在鄂尔多斯盆地 X233、Z183、A83 等长 7 致密油开发试验区完钻水平井 474 口，建产能 137.84 万 t，2017 年年产油量 53.8 万 t。已完钻的 474 口水平井，平均水平段长度为 1037m，井距主要为 300m、500m、600m、1000m，试验前期主要为注水开发，目前主体采用准自然能量开发，压裂方式主要为水力喷砂、环空加砂和水力泵送速钻桥塞体积压裂，平均压裂改造 10 段，平均施工排量为 7m³/min，每口井平均入地液量为 7360m³，平均加砂为 643m³。截至 2020 年已投产 419 口井，前三个月平均日产油量 9.0t，含水率 40.2%，截至 2020 年年底日产油量为 2.7t，含水率为 42.1%，平均单井生产时间 44 个月，单井累计产油量 5166t。水平段 1500m 以上水平井共完钻 116 口，平均水平段长度为 1655m，井距主要为 300m、600m、1000m，目前主体采用准自然能量开发，压裂方式主要为水力喷砂环空加砂和水力泵送速钻桥塞体积压裂，平均压裂改造 13 段，平均施工排量为 8m³/min，每口井平均入地液量为 12871m³，平均加砂为 1027m³，截至 2020 年已投产 85 口井，前三个月平均日产油量为 10.8t，含水率为 47.0%，截至 2020 年日产油量为 5.8t，含水率为 36.9%，平均单井生产时间 34 个月，单井累计产油量 7288t，见图 5.53、图 5.54。前期开发实践表明，致密油水平井水平段较长，压裂段数较多，入地液量较大，开发效果较好，表现为初期单井产量高，递减相对较小，累计产油量较高，因此，长水平井+体积压裂开发是致密油藏的主要开发技术手段。

1. 陇东 X233、Z183 试验区

鄂尔多斯盆地陇东 X233 区长 7 油藏主要发育在半深湖与深湖相区，储集砂体以砂

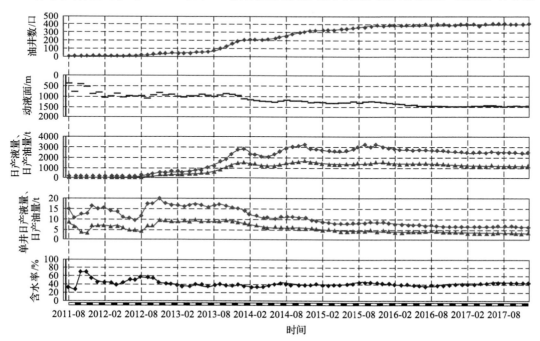

图 5.53　鄂尔多斯盆地致密砂岩油藏水平井开发生产曲线图

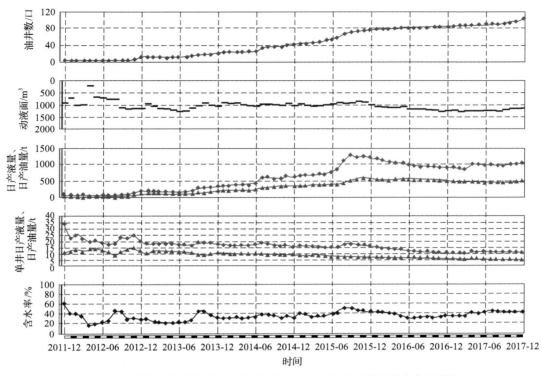

图 5.54　鄂尔多斯盆地致密砂岩油藏 1500m 以上水平井开发生产曲线图

质碎屑流沉积为主，砂体复合叠置厚度大，但单砂体厚度薄，层间存在明显的泥岩隔层，平面非均质性强、含油性差异大。该油藏长 7_2 平均埋深 1970m，平均油层厚度 12.5m，平均孔隙度为 9.1%，平均渗透率为 0.13mD，油层温度为 58.9℃，原始地层压力为 15.8MPa，压力系数为 0.81，为典型的致密油藏。该区块共完钻水平井 59 口，平均水平段长度为 1453m，主体采用准自然能量开发，压裂方式主要为水力喷砂、环空加砂和水力泵送速钻桥塞体积压裂，平均压裂改造 14.5 段，平均施工排量为 7.5m³/min，平均入地液量为 11279m³，平均加砂为 948m³。目前已投产 42 口井，前三个月平均日产油量 9.1t，含水率 43.0%，目前日产油量 4.6t，含水率为 28.6%，平均单井生产时间 42 月，单井累计产油量 6841t。其中，X233 先导试验区水平井实施效果较好，共完钻水平井 10 口，平均水平段长度为 1538m，采用准自然能量开发，压裂方式主要为水力喷砂、环空加砂和水力泵送速钻桥塞体积压裂，平均压裂改造 12.7 段，平均施工排量为 8.2m³/min，平均入地液量为 9665m³，平均加砂为 863m³，前三个月平均日产油量 12.9t，含水率为 26.9%，目前日产油量 6.7t，含水率为 23.4%，平均单井生产时间 61～73 个月，单井累计产油量为 8175～340304t。先导试验区 10 口水平井单井产量递减较少，第一年递减率为 18.4%，第二年递减率为 15.6%，累计产油量较高，平均第一年累计产油量为 3788t，前两年、三年平均单井累计产油量分别为 7372t 和 10527t。2017 年，为了进一步提高水平井单井产量和累计产量，试验了一口国内陆上油田最长水平段水平井 XP238-77，水平段长度为 2740m,采用大通径+可溶桥塞体积压裂,改造了 30 段 106 簇,入地总液量为 50196.7m³,加砂量为 4401.3m³,施工排量为 10~12m³/min,试油产量为 186.0m³/d,2017 年 1 月 11 日投产,2018 年 4 月日产油量为 29.2t,2018 年 4 月套压为 3.5MPa,生产 412d,累计产油量为 12271t,开发效果较好,见图 5.55~图 5.58。

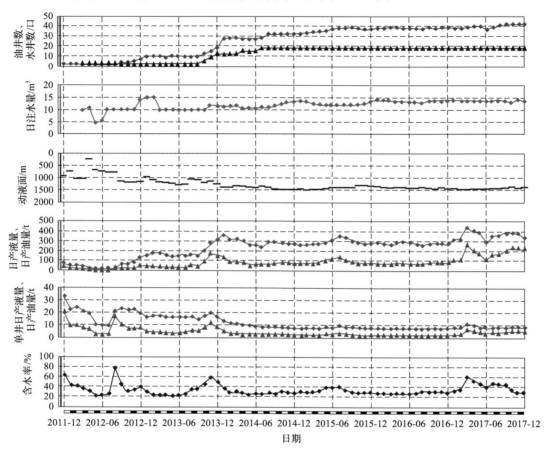

图 5.55 X233 区长 7 水平井注采曲线

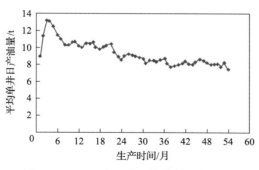

图 5.56 X233 水平井平均单井日产油量曲线

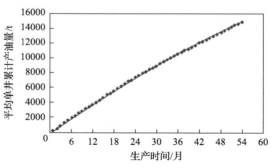

图 5.57 X233 水平井平均单井累计产油量曲线

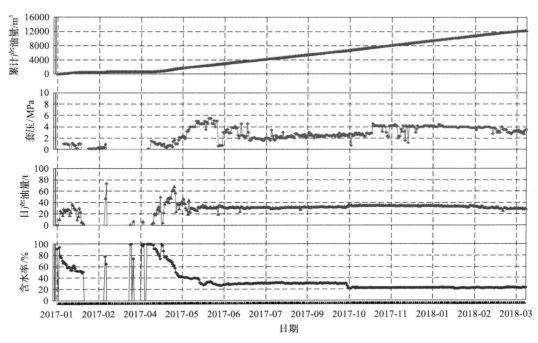

图 5.58　XP238-77 井生产曲线图

鄂尔多斯盆地陇东 Z183 区长 7 油藏同 X233 区油藏特征相似，主要发育半深湖与深湖重力流沉积亚相，储集砂体以砂质碎屑流沉积为主，砂体为多期复合叠置，单砂体厚度薄，平面非均质性强、含油性差异大。该油藏长 7_1 平均埋深为 1750m，平均油层厚度为 12.1m，平均孔隙度为 9.1%，平均渗透率为 0.13mD，油层温度为 57.5℃，原始地层压力为 14.7MPa，压力系数为 0.75。该区块共完钻水平井 110 口，平均水平段长度为 1275m，前期试验以注水开发为主，后期主体为准自然能量开发，压裂方式主要为水力喷砂环空加砂和水力泵送速钻桥塞体积压裂，平均压裂改造 12.1 段，平均施工排量 7.3m³/min，平均入地液量 8420m³，平均加砂量 719m³，2018 年 3 月已投产 95 口井，前三个月平均日产油量 10.4t，含水率 32.1%，日产油量 4.3t，含水率 22.5%，平均单井生产时间 42 月，单井累计产油量 6593t。其中，Z183 先导试验井区水平井实施效果较好，共完钻水平井 15 口，平均水平段长度为 1593m，采用准自然能量开发，压裂方式主要为水力喷砂、环空加砂和水力泵送速钻桥塞体积压裂，平均压裂改造 13.7 段，平均施工排量 9.5m³/min，平均入地液量为 15161m³，平均加砂量为 1056m³，前三个月平均日产油量为 12.1t，含水率为 32.4%，2017 年 12 月日产油量为 6.3t，含水率为 26.9%，平均单井生产时间为 22～50 个月，单井累计产油量为 3862～16377t。先导试验区 HP1-10 井单井产量递减较少，第一年递减率为 5.2%，第二年递减率为 15.7%，累计产油量较高，平均第一年累计产油量为 4979t，前两年、三年平均单井累计产油量分别为 9339t 和 12680t，见图 5.59～图 5.61。

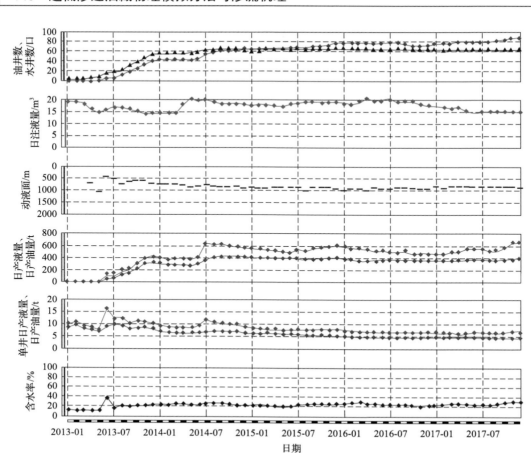

图 5.59 Z183 区长 7 水平井注采曲线

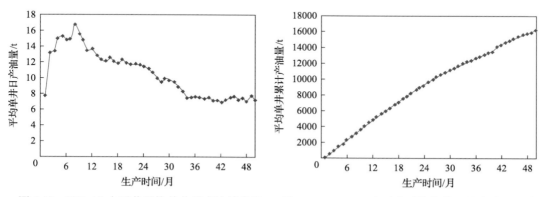

图 5.60 HP1-10 水平井平均单井日产油量曲线　图 5.61 HP1-10 水平井平均单井累计产油量曲线

2. 陕北 A83 试验区

鄂尔多斯盆地陕北 A83 区长 7 油藏主要发育三角洲前缘亚相沉积，储集砂体以水下分流河道沉积为主，单砂体厚度薄，平面非均质性较强，含油性较陇东地区长 7 油藏低。

该油藏长 7_2 平均埋深 2250m，平均油层厚度为 9.5m，平均孔隙度为 8.9%，平均渗透率为 0.12mD。该区块共完钻水平井 203 口，平均水平段长度为 856m，前期试验以注水开发为主，后期主体为准自然能量开发，压裂方式主要为水力喷砂、环空加砂体积压裂，平均压裂改造 9.2 段，平均施工排量 $6.1m^3/min$，平均入地液量 $6758m^3$，平均加砂 $569m^3$，截至 2017 年 9 月已投产 197 口井，前三个月平均日产油量 10.4t，含水率 40.7%，日产油量 1.8t，含水率 52.4%，平均单井生产时间 44 个月，单井累计产油量 4767t，见图 5.62。

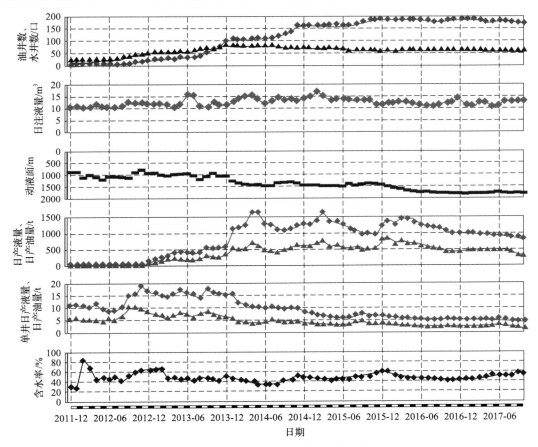

图 5.62　A83 区长 7 水平井注采曲线

参 考 文 献

[1] 孙连双. 孤东低渗透油藏注活性水吞吐增产实验研究与效果分析[D]. 青岛: 中国石油大学(华东), 2013.

[2] 武垚. 杜 813 块 CO_2 复合吞吐技术研究[D]. 北京: 中国石油大学, 2011.

[3] 姜彬. 新型表面活性剂吞吐采油技术应用研究[J]. 内蒙古石油化工, 2013, 39(5): 113-115.

[4] 周拓. 致密油分段压裂水平井注 CO_2 吞吐研究[D]. 廊坊: 中国科学院大学渗流流体力学研究所, 2016.

[5] 王向阳. 特低渗-致密油藏吞吐采油机理研究[D]. 廊坊: 中国科学院大学渗流流体力学研究所, 2018.

[6] 杨正明, 郭和坤, 刘学伟, 等. 低渗透-致密油藏微观孔隙结构测试和物理模拟技术[M]. 北京: 石油工业出版社, 2017.

[7] Hadi S, Peyman P. Significance of non-Darcy flow effect in fractured tight reservoirs[J]. Journal of Natural Gas Science and Engineering, 2015, 24: 132-143.

[8] Ghanbari E, Dehghanpour H. The fate of fracturing water: a field and simulation study[J]. Fuel, 2016, 163: 282-294.

[9] Xie J, Zhu Z M, Hu R, et al. A calculation method of optimal water injection pressures in natural fractured reservoirs[J]. Journal of Petroleum Science and Engineering, 2015, 133: 705-712.

[10] 吴奇, 胥云, 张守良, 等. 非常规油气藏体积改造技术核心理论与优化设计关键[J]. 石油学报, 2014, 35(4): 9.

[11] 吴奇, 胥云, 王腾飞, 等. 增产改造理念的重大变革——体积改造技术概论[J]. 天然气工业, 2011, 31(4): 7.

[12] Mayerhofer M J, Lolon E P, Warpinski N R, et al. What is stimulated reservoir volume?[J] SPE Production & Operations, 2010, 25(1): 89-98.

第6章　超低渗透油藏有效开发理论及其应用

"十三五"期间，随着水平井、体积压裂和新的开采方式在超低渗透油藏中的规模应用，人们对超低渗透油藏储层特征和流体渗流机理有了深入的认识，超低渗透油藏有效开发理论逐渐形成。该理论的基本内涵：综合考虑超低渗透油藏储层特征(天然裂缝比较发育、基质孔喉细小)和人工措施(体积改造、改变储层润湿性等)的特点及其相互作用机制(渗吸、非线性和多尺度渗流传质)，充分发挥驱替和渗吸作用，有效提高超低渗透油藏开发效果。该理论已在长庆、大庆和大港等油田进行了应用。

6.1　概　　述

"十一五""十二五"期间，主要研究对象为低渗透和特低渗透油藏，建立了以非线性渗流为核心的低渗透油藏有效开发理论[1-3]。该理论有效指导了大庆、长庆、吉林等低渗油区效益开发。渗吸理论主要应用于裂缝性油藏[4,5]，较少应用于低渗透油藏。而超低渗透油藏天然裂缝比较发育、孔喉发育的非均匀及体积改造产生的大量人工缝网，使渗吸作用不可忽略。

中国石油勘探开发研究院联合中国石油大学(北京)、中国石油天然气股份有限公司长庆油田分公司勘探开发研究院、大庆油田勘探开发研究院等单位，通过"十三五"科技攻关，在体积压裂缝网精确表征方法、传质机理及影响因素上取得的新进展，建立了研究超低渗透油藏有效开发的油藏工程和数值模拟方法，分析了体积压裂水平井渗流及有效动用规律。

6.2　超低渗透油藏有效开发基础理论

6.2.1　体积压裂缝网精确表征方法新进展

在体积压裂缝网系统中，不同裂缝的主要差异表现为裂缝尺度、裂缝密度、裂缝导流能力的不同。人工裂缝通常尺度大、分布密度小、导流能力高；诱导裂缝与天然裂缝的尺度小、分布密度较大、导流能力低。因此，需要分别对裂缝的展布和渗流参数进行表征。目前主要的方法有离散介质方法、等效连续介质方法、基于典型模式的分类表征方法及复杂离散裂缝网格剖分算法。

本节用"离散介质＋等效连续介质"混合方法来对不同尺度裂缝进行表征[6]，该方法既提高了裂缝描述的准确性，又提高了数值模拟计算的速度。

对于大尺度人工裂缝与易开启和闭合的诱导裂缝采用嵌入式离散介质表征方法。即在裂缝的离散表征中，将每一条裂缝明显地表示出来，其几何形态与渗流属性与每一条裂缝一一对应，基质网格不考虑裂缝展布，基质网格与裂缝相交形成的线或面形成对应裂缝网格，如图 6.1 所示。

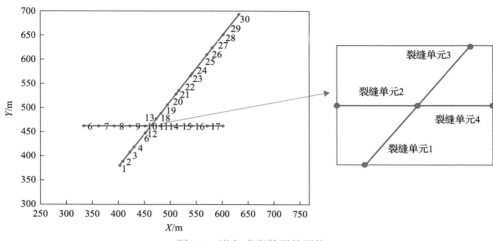

图 6.1　嵌入式离散裂缝网格

小尺度天然裂缝采用等效连续介质或双重介质表征方法。由于实际裂缝储层中天然裂缝分布极为复杂，要研究油藏流体的渗流规律，必须对天然裂缝系统进行简化，利用渗透率张量理论和渗流力学的相关理论，建立了天然裂缝的等效连续介质模型，示意图如图 6.2 所示。

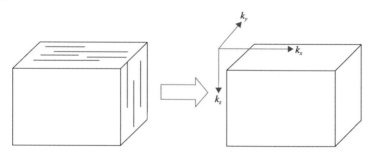

图 6.2　天然裂缝等效连续介质模型的示意图
k_x、k_y、k_z-x、y、z 方向的渗透率

根据上面的模型，推导得到垂直裂缝方向的等效渗透率 k_{yg} 为

$$k_{yg} = \frac{k_{my}k_f}{K_f - (K_f - K_{my})D_L b_f} \tag{6.1}$$

储层纵向上的渗透率 k_{zg}：

$$k_{zg} = k_{mz} + (k_f - k_{mz})D_L b_f \tag{6.2}$$

式中，k_{my} 为基质 y 方向渗透率；k_f 为裂缝渗透率；k_{mz} 为基质 z 方向渗透率；D_L 为裂缝线密度；b_f 为裂缝的开度。

通过上面的方法实现了由单一缝向复杂裂缝、规则缝向非规则缝的精确表征。图 6.3 是一个实际油田现场的裂缝系统表征图。

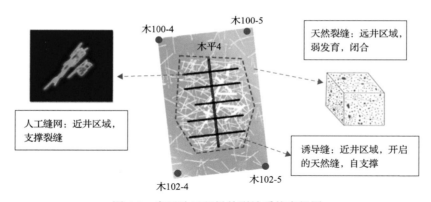

图 6.3　实际油田现场的裂缝系统表征图

6.2.2　体积压裂缝网系统传质机理及影响因素

缝网传质机理主要为压差传质和渗吸传质。其中压差传质为有效驱替形成后主要的传质形式，如图 6.4 所示。渗吸传质为压裂液返排阶段、水吞吐、周期注水、异步注采过程中有效的传质形式，如图 6.5 所示。

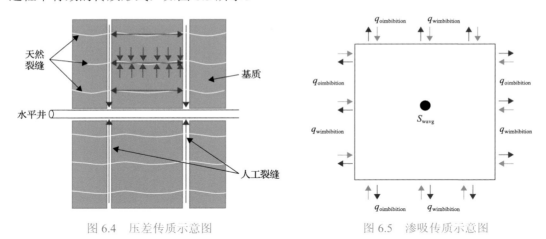

图 6.4　压差传质示意图　　　　　　　图 6.5　渗吸传质示意图

$q_{\text{oimbibition}}$-渗吸油量；$q_{\text{wimbibition}}$-渗吸水量；S_{wavg}-平均含水饱和度

1. 非线性渗流规律数学表征

1）流固耦合作用

超低渗透储层中流体呈非线性流动规律，除了孔喉结构复杂的影响外，还受到流体自身性质及流固相之间作用的影响[7]。中高渗透岩样受流固作用较弱，岩心的气测渗透率与水测渗透率数值相同，而超低渗透岩样受流固作用强，边界层厚度占比大，不可动流体百分数高，使气测渗透率要大于水测渗透率。结合气测、水测渗透率实验数据，可得到水测渗透率与气测渗透率关系的经验公式：

$$k_{\text{mw}} = k_{\text{g}} \left(1 - \mathrm{e}^{-a(k_{\text{g}} - k_{\text{nw}})} \right) \tag{6.3}$$

式中，a 为拟合参数；k_{mw} 为水测的最大渗透率，mD；k_g 为气测渗透率，mD；k_{nw} 为水测的盖层渗透率，指不允许水通过的储层渗透率临界值，mD。

2）应力敏感性

储层的应力敏感性是指油气藏在开采过程中，其有效应力的变化导致岩石孔隙度、渗透率等物性参数变化的现象。对于超低渗透储层，应力敏感性对开发的影响不能忽略：一方面，由于超低渗透储层喉道空间有限，并且存在不可动的边界层，即使随着压力变化储层气测渗透率变化较小，水测渗透率变化也会明显；另一方面，大部分超低渗透储层存在天然微裂缝发育及人工压裂产生的微裂缝，使得储层整体的应力敏感性增强。

应力敏感程度与渗透率具有较好的负相关关系，随着渗透率的增加，应力敏感程度呈现幂律降低的趋势。对实验数据进行曲线拟合可得压敏影响渗透率经验公式为

$$k_{cw} = k_w e^{-a\Delta p} \tag{6.4}$$

式中，k_{cw} 为压敏影响下水测渗透率，mD；Δp 为压差。

3）启动压力梯度

大量实验表明[8,9]，超低渗透岩样中流体流动遵循非线性流动规律，存在启动压力梯度（λ），即真实启动压力梯度。当压力梯度小于 G_a 时，流体不流动，启动压力梯度 λ 是流体在超低渗透岩样中流动时需克服的最小阻力梯度；当压力梯度大于 G_a 时，非线性特征曲线呈凹形趋势，岩样部分孔隙中流体克服阻力开始流动。当压力梯度大于 G_b 时，非线性特征曲线变成直线，这是因为所有孔隙中的流体开始流动。压力梯度 G_b 称为拟启动压力梯度，即最大阻力梯度。

结合非线性实验数据进行曲线拟合，可得视渗透率与压力梯度之间的关系公式为

$$k_w = k_{mw} \left(1 - e^{-b\left(\frac{\Delta p}{L} - \lambda\right)} \right) \tag{6.5}$$

式中，k_w 为视渗透率，mD；λ 为启动压力梯度，MPa/m；b 为拟合参数。

通过联立式(6.3)～式(6.5)，得到受压敏影响、非线性、边界层影响的渗透率公式：

$$k_{cw} = k_g \left(1 - e^{-a(k_g - k_{nw})} \right) \left(1 - e^{-b\left(\frac{\Delta p}{L} - \lambda\right)} \right) e^{-a\Delta p} \tag{6.6}$$

通过式(6.6)不仅简化了渗透率的测量，还表征了压敏、非线性、流固相之间相互作用等超低渗透储层特征，并且将超低渗透油藏影响因素归结于渗透率公式之中，使产能研究中的方程不至于过于复杂。

2. 渗吸作用数学表征

由于储层在体积压裂后形成裂缝网络，此区域储层可视为裂缝型储层。另外，渗吸

作用是裂缝型油藏的重要生产机理之一。因此，体积压裂区域应考虑渗吸因素，通过渗吸压裂液置换出基质中的原油，从而提高采收率。从渗吸定义来看，渗吸是毛细管力作用下多孔介质中非润湿相与润湿相的置换过程。其中，毛细管力的大小与岩石润湿性、岩石孔隙半径、含水饱和度等参数有关。类比于双重介质中的窜流公式，渗吸的宏观表征如下：

$$q_c = \frac{\alpha k_m p_c}{\mu} V_1 \tag{6.7}$$

式中，q_c 为渗吸的产量，m^3/d；α 为形状因子，m^{-2}；V_1 为渗吸单元体积，m^3；p_c 为毛细管力，MPa；μ 为油的黏度，$mPa \cdot s$。

3. 传质方式影响因素分析

1）渗吸的影响

根据总传质量为渗吸传质与压差传质的总和，模拟体积压裂水平井复杂裂缝注水吞吐过程，计算结果如图 6.6 和图 6.7 所示。考虑渗吸传质时动用范围更大，且日产油量高。

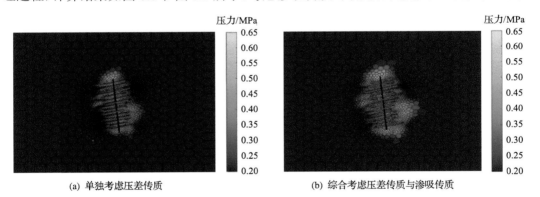

(a) 单独考虑压差传质　　　　(b) 综合考虑压差传质与渗吸传质

图 6.6　压差对传质的影响对比

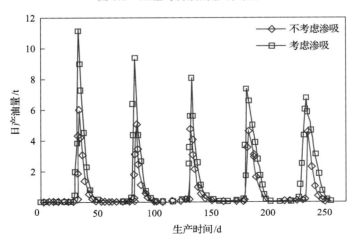

图 6.7　渗吸对日产油量的影响

2) 非线性渗流的影响

非线性渗流能够准确反映出超低渗透油藏动用范围和产量受非线性影响的程度, 计算结果如图 6.8 和图 6.9 所示。考虑非线性渗流时, 动用范围更小, 日产油量更低。

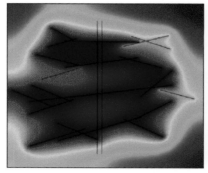

(a) 不考虑非线性渗流   (b) 考虑非线性渗流

图 6.8　非线性渗流对传质影响对比

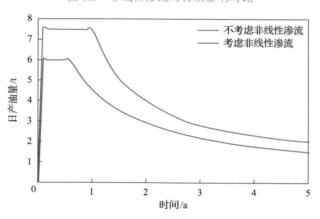

图 6.9　非线性渗流对日产油量的影响对比

6.3　注水开发方式下体积压裂水平井渗流及有效动用规律

以超低渗透油藏注水开发形成有效动用为目标, 利用油藏数值模拟方法, 分析了短水平井小注采单元、段间驱替的渗流特征, 建立了优化图版和界限, 为华庆、合水等超低渗透区块实现有效开发提供理论基础。

6.3.1　短水平井小注采单元开发体积压裂水平井参数优化

建立有效驱替的关键在于打破传统井网概念, 考虑启动压力梯度及裂缝形态, 以形成有效驱替单元为基础, 针对地层油藏渗流场进行井网形式部署。长庆油田最常用的注采单元是五点注采单元缝网结构。五点注采单元中的驱替范围可以分为易动用区 1、难动用区 2 和死油区 3, 如图 6.10 所示。

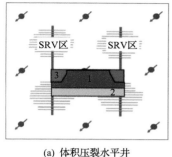
(a) 体积压裂水平井

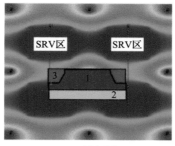
(b) 压力场图

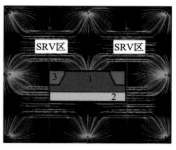
(c) 流线场图

图 6.10　典型井网对应注采单元示意图
SRV-体积压裂

五点注采单元形成有效驱替的关键在于有效控制由注水井到每一类区域的流线，确保注水井至 SRV 区域的每条流线上的压力梯度均保持在启动压力梯度之上，尽可能减少死油区。

1. 注采单元动用条件

要想加大平面波及，保持地层能量，对各条缝形成有效驱替，必须保证沿注水井到每条裂缝的缝端压力梯度高于启动压力梯度(图 6.11)，即注水井到压裂区的距离应当小于或等于注水井到裂缝的极限驱替距离。

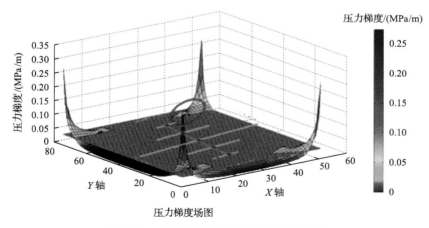

图 6.11　体积压裂水平井动用范围示意图

2. 压裂缝缝网形式及极限距离优化

研究表明：小注采单元井网采用纺锤形布缝(图 6.12)具有一定优势，可以同时在中缝和边缝形成有效驱替，增大水驱波及面积。

对于超低渗透 II 类油藏，采用五点小注采单元，排距为 100m，井距为 400m，有效水平段长度为 400m，纺锤形布缝，段数为 5 段，穿透比分别为 0.18、0.45、0.90、0.45、0.18。

通过研究，得到保证形成有效驱替前提下的第 n 段裂缝长度 x_f：

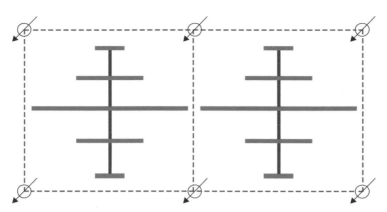

图 6.12　体积压裂水平井纺锤形布缝示意图

$$x_{\text{f}} = 2R_{\text{o}} - 2R_{\text{s}}\sqrt{1 - \frac{d^2}{D^2}} \tag{6.8}$$

式中，x_{f} 为第 n 段裂缝长度；R_{s} 为排距；R_{o} 为正对驱替极限距离；d 为裂缝到边界的距离；D 为中缝到直井的距离。

取五点小注采单元 k_x=0.3mD、k_y=0.1mD、R_{s}=100（R_{s} 为排距）、R_{o}=400，水平井井筒长为 330m，体积压力段数为 5 段时得到每段裂缝应取的长度，见表 6.1。

表 6.1　五点小注采单元合理裂缝长度参数表

	裂缝编号				
	1	2	3	4	5
裂缝长度/m	90	360	690	360	90

6.3.2　超低渗透油藏段间驱替渗流及有效动用规律

对于一些超低渗透油田利用常规方法无法实施有效注水补充能量开发，因此提出利用超低渗透油藏水平井缝网改造，实现段间驱替来解决注不进、采不出的问题。即在裂缝间构成线性驱替，在缝控区域内实现有效驱替，充分动用缝控储量。下面主要考虑两种类型的段间驱替渗流。

1. 不同井间交错布缝段间驱替渗流研究

图 6.13 为不同井间交错布缝段间驱替开发缝网示意图。

1）段间驱替缝间压力分布和开发效果

绘制段间驱替注水缝周围的压力场图，如图 6.14 所示。为研究段间驱替开发的特点，对比 60m 缝间距的段间驱替、30m 缝间距的段间驱替及小注采单元的开发效果，结果如图 6.15、图 6.16 和图 6.17 所示。

对比 60m 缝间距的段间驱替开发、30m 缝间距的段间驱替开发及小注采单元开发的含水率变化，可以发现：在相同地质条件下，段间驱替相比小注采单元含水率上升快。

30m 缝间距的段间驱替开发日产油量上升最迅速，注水见效快，但是递减迅速；60m 缝间距的段间驱替开发相对稳定。小注采单元开发与段间驱替开发方式相比，在开发后期日产油量有明显抬升。短期内开发时，段间驱替的开发效果会更好；而长期开发时，小注采单元的开发效果更好。

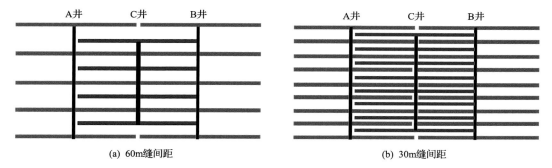

图 6.13　不同井间交错布缝段间驱替开发缝网示意图

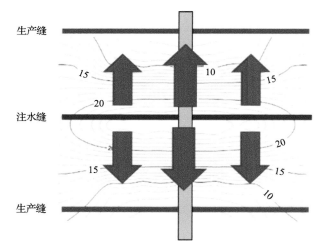

图 6.14　段间驱替注水缝周围的压力场图（单位：MPa）

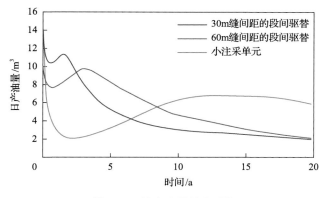

图 6.15　日产油量综合对比

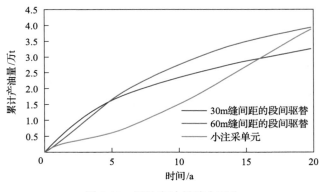

图 6.16　累计产油量综合对比

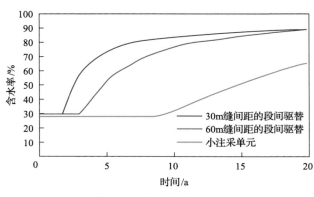

图 6.17　含水率综合对比

2) 不同开发方式的渗流规律对比

通过对比不同开发方式,即段间驱替、小注采单元开发及衰竭式开发三种开发方式,来认识体积压裂水平井近井和井间渗流规律。其中段间驱替开发方式中, 1 号、 3 号、 5 号缝为生产缝, 2 号、 4 号缝为注水缝,见图 6.18(a);小注采单元注水开发开发方式

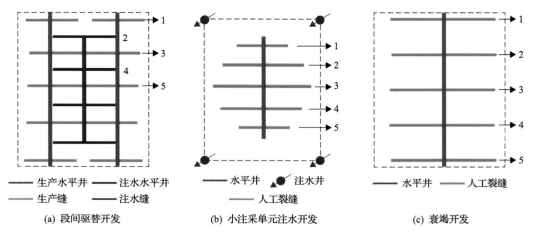

(a) 段间驱替开发　　　　(b) 小注采单元注水开发　　　　(c) 衰竭开发

图 6.18　不同开发方式的示意图

中,四口角井为注水井,中间的水平井为生产井,1~5 号缝全部为生产缝,见图 6.18(b);
衰竭式开发开发方式中,1~5 号缝全部为生产缝,无注水缝或注水井,见图 6.18(c)。

　　段间驱替模型及衰竭式开发模型使用的基础参数与小注采单元注水开发模型的基础
参数相同,井网形式及注采方式发生改变。对比水平井体积压裂下段间驱替开发、小注
采单元注水开发、衰竭式开发的渗流场特征(图 6.19),段间驱替的驱替压力梯度高于定
向井注采压力梯度,可实现缝网整体水驱受效。

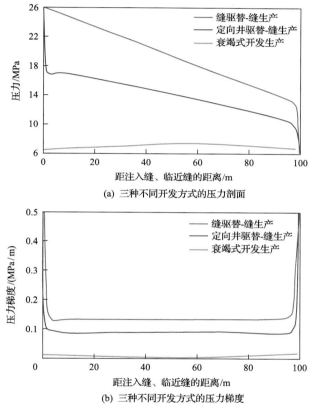

(a) 三种不同开发方式的压力剖面

(b) 三种不同开发方式的压力梯度

图 6.19　三种不同开发方式的压力变化

　　超低渗透油藏一般具有孔隙细小、孔隙度较低的特点,对于超低渗透油田存在启动
压力梯度,超低渗透储层流体想要流动,必须克服启动压力梯度。人工裂缝是连通油藏
与井筒的唯一通道。因此,裂缝数量是制约油井产能的重要因素。对不同渗透率的极限
排距进行统计,得到段间驱替开发方式的有效驱替极限排距与储层渗透率之间的关系图
版,如图 6.20 所示。

　　模拟不同缝长情况下的段间驱替模型,统计不同时间段的前缘推进距离,得到水线
推进速度、前缘移动速度与单缝注入量关系图版,如图 6.21(a)所示;见水时间与单缝注
入量的关系图版如图 6.21(b)所示。可以通过单缝注入量来判断段间驱替的注水缝前缘移
动速度,通过调整单缝注入量控制体积压裂水平井缝网见水时间,为段间驱替参数优化
提供指导。

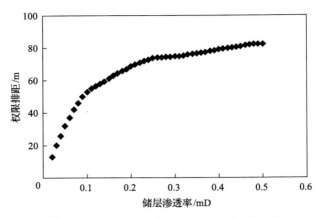

图 6.20 极限排距与储层渗透率的关系图版

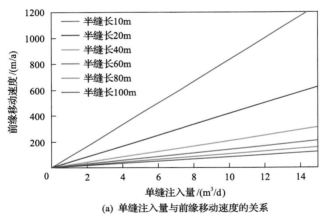

(a) 单缝注入量与前缘移动速度的关系

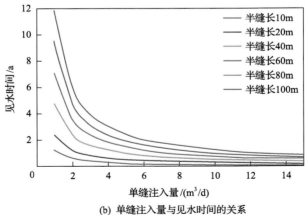

(b) 单缝注入量与见水时间的关系

图 6.21 单缝注入量驱替参数

2. 同井段间/缝间驱替渗流研究

同井注采是在同一口井上实现注水与采油一体化的开发技术。它是针对超低渗透油藏开采过程中存在的水平井见水快、注水见效不明显、裂缝水窜等问题，提出的水平井同井注采开发技术。水平井同井段间注采方式如图 6.22 所示。

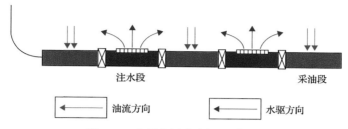

图 6.22　水平井同井段间注采方式

1) 驱油机理

以同井缝间异步注采方式为例说明同井注采的开采机理。同井缝间异步注采是指在多级压裂水平井中，部分裂缝注水，其他裂缝采油，注水和采油不同步，该过程分为注水阶段、焖井阶段和采油阶段，焖井阶段发挥渗吸作用，增大注入水的波及范围，如图 6.23 所示。

(1) 注水阶段。

水平井筒注水缝开启，采油缝关闭，如图 6.23(a) 所示。注入水沿注水缝进入储层，因基质系统渗透率极低，注入水首先进入裂缝，并沿裂缝系统向前推进。在毛细管力作用下，裂缝系统的水依靠渗吸作用沿较小孔喉进入基质孔隙中，尽管进入基质中的水会对原油产生排挤作用，但由于裂缝系统中注入水流动压力产生的外压远大于基质孔隙向外的外挤力，最终基质内的原油无法流向裂缝系统。

裂缝中的水是依靠渗吸作用进入基质系统置换原油的，因此如果注入水的驱替压力过大，裂缝内的水还未来得及渗吸进入基质系统就已经被驱替出去，渗吸效果差。因此，在依靠渗吸作用进行采油时，注入水的流速不宜过大。

(2) 焖井阶段。

水平井筒的注水缝和采油缝同时关闭，如图 6.23(b) 所示。随着裂缝系统中的注入水不断渗吸侵入基质岩块，裂缝系统内的压力开始下降，压力波继续向远处传播。由于此阶段注水缝和采油缝皆关闭，地层中形成了新的压力平衡场，在压力梯度和毛细管力的双重作用下，注入水进入渗透率相对较低的油层和基质深处的含油孔隙，并将其中的原油置换到裂缝系统，扩大了渗吸波及范围，有利于充分发挥渗吸作用，改善注水开发效果。

(3) 采油阶段。

水平井筒注水缝打开，采油缝关闭，如图 6.23(c) 所示。已置换到裂缝系统的原油在黏滞力的作用下，沿裂缝系统流向采油缝，裂缝系统中的压力继续下降，基质中的原油在压差作用下不断从低含水饱和度区域流向高含水饱和度区域(裂缝系统)。

经过注水、焖井、采油阶段，注入水在黏滞力和毛细管力的作用下将基质孔隙内的原油驱替到裂缝中，之后原油沿裂缝系统流向井筒。

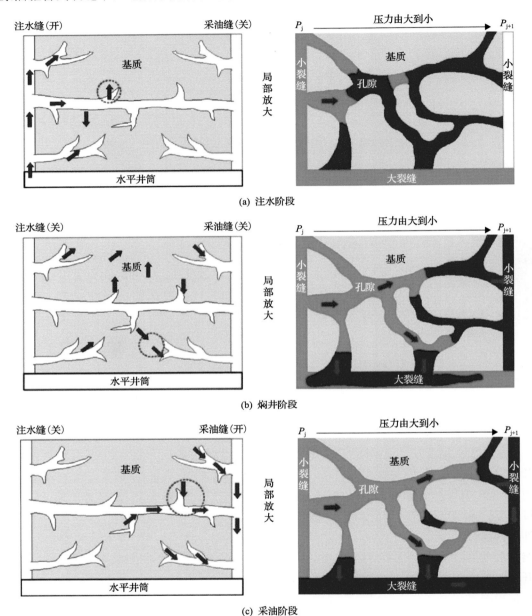

图 6.23　同井缝间异步注采水驱油过程示意图

P_j、P_{j+1}-局部范围内两点的压力

2) 开发方式对比

　　以采出程度为开发指标，一典型超低渗透油藏分别采用衰竭式开采、注水吞吐、五点井网注水、同井同步注采和同井异步注采 5 种方案累计开采 20 年的开发效果如图 6.24 和图 6.25 所示。

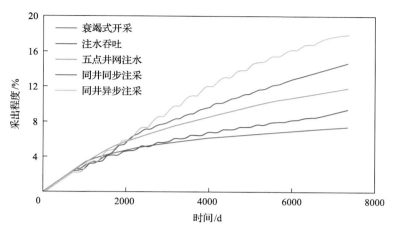

图 6.24　不同开发方式采出程度对比

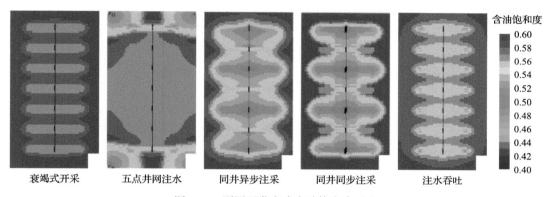

图 6.25　不同开发方式含油饱和度对比

5 种开发方式中衰竭式开采效果最差，模拟开采 20 年采出程度为 7.40%；注水吞吐开采时，由于超低渗透油藏基质渗透率低，注入水仅波及裂缝附近的区域，单井储量动用程度低，模拟开采 20 年采出程度为 9.38%；五点井网注水开采时，20 年采出程度为 11.82%；同井同步注采的模拟开采效果虽然远优于其他三种方案，但由于其注水缝和采油缝同步打开，在强压差的驱动下，注入水沿裂缝系统快速窜进，采油缝过早见水，影响了后期开发效果，模拟开采 20 年采出程度为 14.57%。5 种方案中，同井异步注采模拟开采时注入水波及范围最大，储量动用范围最大，模拟开采 20 年采出程度为 17.87%。数值模拟结果显示，与其他 4 种方案(同井同步注采、五点井网注水开采、注水吞吐开采、衰竭式开采)对比，同井异步注采的采出程度分别提高了 3.30%、6.05%、8.49%和 10.47%。

6.4　超低渗透油藏体积压裂井产能数学模型及应用

本节主要叙述超低渗透油藏体积压裂直井和水平井产能数学模型及考虑非均匀产液和压裂液不完全返排情况下体积压裂水平井产能计算。

6.4.1 超低渗透油藏体积压裂直井产能数学模型

在传统的理论模型中，用双翼形的长方形几何来描述压裂裂缝，并且假设其具有高导流能力。在超低渗透油藏储层中，基质渗透率非常低，长距离渗流需要的驱动压差非常大，体积压裂形成的缝网可以有效缩短基质裂缝间的渗流距离。因此，传统的理论模型限制了储层有效动用率，并不适用于超低渗透油藏体积压裂。

本节在超低渗透油藏体积压裂后的储层特征研究及现场应用的基础上，通过将渗吸分形双重介质模型代入直井线性渗流模型中，并将渗流区域划分为五部分，建立了超低渗透油藏储层改造直井五区复合线性渗流模型。

1. 物理模型

体积改造技术可以将储层基质压碎，产生更复杂的裂缝网络[10-12]，进而达到增大储层改造区域和缝网系统导流能力的作用。不同压裂方式的微地震监测对比显示，体积压裂的压裂规模大于常规压裂，如图6.26所示。体积压裂改造区域呈正方形，由于存在不同发育程度天然裂缝与次生裂缝形成的缝网，该区域与未压裂区域的超低渗透多孔介质渗流特征差异很大。因此，将井控区域分为压裂区域和未压裂区域两个部分。

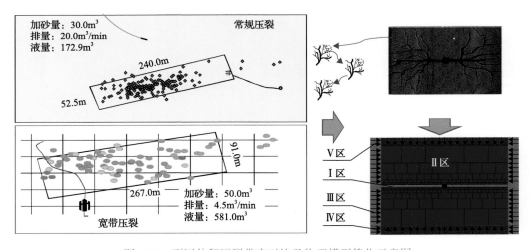

图 6.26 不同体积压裂带宽对比及物理模型简化示意图

2. 数学模型建立

1) 模型多尺度区域划分

根据物理模型将储层流动区域划分为五个部分，以便对存在裂缝系统的储层中流体的流动情况进行表征。假定直井位于油藏中心，且单裂缝控制区域对称分布，因此，以1/4流动区域(图6.27)进行研究，就能够代表整个缝控区域。五个流动区域范围及特征见表6.2。

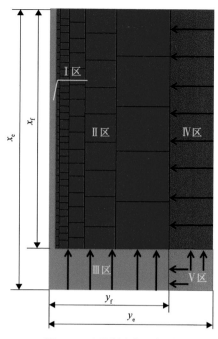

图 6.27　区域划分示意图

x_f-裂缝长度；y_f-三区长度；x_e-渗流区域总长度；y_e-渗流区域总宽度

表 6.2　体积压裂直井流动区域划分

区域	各区域名称	各区域范围	各区域渗流特征
I	人工压裂主裂缝	$0 \leqslant x \leqslant x_f, 0 \leqslant y \leqslant w_f$	裂缝宽度较小，长宽比大，且渗透率比较大，导流能力强
II	体积压裂改造区域	$0 \leqslant x \leqslant x_f, 0 \leqslant y \leqslant y_f$	体积压裂的次生裂缝与天然裂缝形成复杂缝网，存在渗吸现象，压力敏感性强
III	x 方向渗流外边界区域	$x_f \leqslant x \leqslant x_e, 0 \leqslant y \leqslant y_f$	天然裂缝为闭合状态，渗流缓慢，存在启动压力梯度，呈 x 方向线性流流入区域 II
IV	y 方向渗流外边界区域	$0 \leqslant x \leqslant x_f, y_f \leqslant y \leqslant y_e$	与区域 III 储层特征相同，渗流缓慢呈 y 方向线性流流入区域 II
V	角边界未改造区域	$x_f \leqslant x \leqslant x_e, y_f \leqslant y \leqslant y_e$	与区域 III 储层特征相同，渗流缓慢，存在启动压力梯度，呈 y 方向线性流流入区域 IV，呈 x 方向线性流流入区域 III

　　区域 I（$0 \leqslant x \leqslant x_f$, $0 \leqslant y \leqslant w_f$）为人工压裂主裂缝区域，主裂缝区域宽度相对较小，长宽比大，导流能力强；区域 II（$0 \leqslant x \leqslant x_f$, $0 \leqslant y \leqslant y_f$）为体积压裂储层改造区域，该区域天然裂缝进一步延伸与人造次生裂缝延展形成复杂分布缝网，存在渗吸现象，压力敏感性强，用渗吸分形双重介质模型进行描述；区域 III（$x_f \leqslant x \leqslant x_e$, $0 \leqslant y \leqslant y_f$）为 x 方向渗流外边界区域，该区域未被压裂，超低渗透油藏储层与原始特征相一致，渗流缓慢呈 x 方向线性流，存在启动压力梯度，流入区域 II；区域 IV（$0 \leqslant x \leqslant x_f$, $y_f \leqslant y \leqslant y_e$）为 y 方向渗流外边界区域，该区域天然裂缝保持闭合状态，与区域 III 储层特征相同，渗流缓慢呈 y 方向线性流，流入区域 II；区域 V（$x_f \leqslant x \leqslant x_e$, $y_f \leqslant y \leqslant y_e$）为角边界未改造区域，该区域与区域 III、IV 相邻，渗流缓慢，存在启动压力梯度，呈 y 方向线性流流入区域 IV，呈 x 方向线性流

流入区域Ⅲ，并且假设裂缝尖端封闭，区域Ⅲ与区域Ⅰ没有直接流体交换。

2) 模型的建立

对模型的五个区域分别建立渗流控制模型。

(1) 区域Ⅰ。

区域Ⅰ是人工压裂主级裂缝渗流区域，控制方程为

$$k_1 \frac{\partial^2 p_1}{\partial x^2} + k_1 \frac{\partial^2 p_1}{\partial y^2} = \phi_1 c_{t1} \mu \frac{\partial p_1}{\partial t} \tag{6.9}$$

式中，p_1 为区域Ⅰ的压力，MPa；k_1 为区域Ⅰ的渗透率，mD；ϕ_1 为区域Ⅰ的孔隙度；c_{t1} 为区域Ⅰ的总压缩率，MPa^{-1}；μ 为黏度。

(2) 区域Ⅱ。

区域Ⅱ为体积压裂改造区域，由多尺度次级裂缝系统与基质两部分组成，由分形渗吸双重介质模型表征，基质控制方程为

$$Ak_m(p_f - p_m + p_c) = \mu c_{tm} \phi_m \frac{\partial p_m}{\partial t} \tag{6.10}$$

式中，p_m 为基质压力；p_f 为裂缝压力；A 为渗流系数。

裂缝控制方程为

$$k_f \frac{\partial^2 p_f}{\partial x^2} + k_f \left(\frac{y}{b_f}\right)^{d-\theta-2} \left(\frac{\partial^2 p_f}{\partial y^2} + \frac{d-\theta-2}{y} \frac{2\partial p_f}{\partial y}\right) + Ak_m(p_f - p_m + p_c) = c_{tf} \mu \phi_f \left(\frac{y}{b_f}\right)^{d-2} \frac{\partial p_f}{\partial t} \tag{6.11}$$

式中，k_m 为区域Ⅱ基质团块渗透率，mD；ϕ_m 为区域Ⅱ基质块孔隙度；c_{tm} 为区域Ⅱ基质团块综合压缩系数，MPa^{-1}；c_{tf} 为裂缝网的总压缩系数，MPa^{-1}；b_f 为裂缝长度。

(3) 区域Ⅲ、Ⅳ、Ⅴ。

$$k_m \frac{\partial^2 p_i}{\partial x^2} + k_m \frac{\partial^2 p_i}{\partial y^2} = \mu c_{tm} \phi_m \frac{\partial p_i}{\partial t}, \quad i = 3, 4, 5 \tag{6.12}$$

式中，p_i 为某一区域的压力。

3) 数学模型验证

本节模型基于 Stalgorova 和 Matter[13]、Su 等[12,14]、Wang 等[15]所提出的超低渗透油藏体积压裂水平井五区渗流模型，在其基础上考虑了超低渗透油藏渗吸及缝网分布特征对渗流规律的影响。当本节模型不考虑储层渗吸及缝网分布特征时，与前人所提出的五区复合渗流模型相同，即当本节所建立的分形渗吸模型毛细管力为 0、分形质量维数为 2、分形指数为 0 时，五区复合渗流模型与分形渗吸模型相同，五区复合渗流模型是分形渗吸模型的特例。从图 6.28 中可以看出，在不考虑渗吸及缝网分布特征的情况下，本节模型的计算结果与五区复合渗流模型能够较好吻合，且渗吸及分形参数对模型生产的影响明显，不容忽略。因此，分形渗吸模型是准确的，并且相对于原有的模型具有更好的普适性。

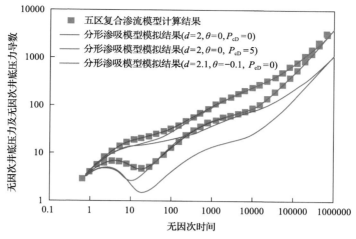

图 6.28　无因次井底压力对比图

P_{cp}-无因次井底压力

本模型的解是通过半解析方法求得的，在验证过程中，采用 COMSOL 有限元求解软件对所建模型进行数值求解计算，并将数值解计算结果与本模型的半解析解计算结果进行了对比分析，对比结果见图 6.29，本模型半解析解的正确性得以验证。

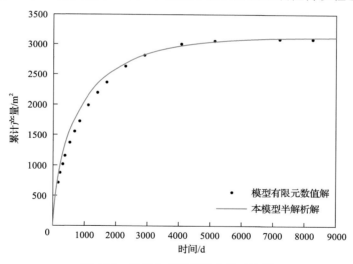

图 6.29　定压生产时累计产量对比图

4) 体积压裂井渗流规律分析

(1) 体积压裂直井渗流规律分析。

通过模型的半解析解，计算求得无因次压力 P_D、无因次压力导数 p_D'、无因次产量 q_D、无因次产量导数 q_D' 的典型曲线图，见图 6.30。按照压力导数斜率对应的典型流动规律，将体积压裂直井流动阶段划分为 9 段。

阶段 I，压力导数斜率为 1，为井筒储集阶段。该阶段主要受井筒储集系数影响，不受压裂规模影响 (分形等描述缝网的参数)。

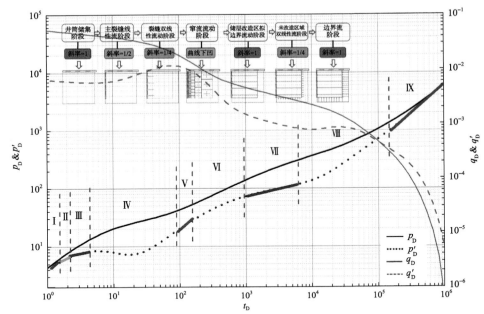

图 6.30　体积压裂直井层无因次压力、无因次压力导数、无因次产量、无因次产量导数的典型曲线图

t_D-无因次时间

　　阶段 Ⅱ，压力导数斜率为 1/2，为主裂缝线性流阶段。这一阶段主要是主流缝中的流体线性流入井筒，发生短暂。

　　阶段 Ⅲ，压力导数斜率为 1/4，为裂缝双线性流动阶段。这个阶段主裂缝线性流入井筒与储层改造区域线性流入主裂缝同时进行，流动开始受到分形参数影响。前三个阶段内，生产井产量缓慢下降。Ⅰ、Ⅱ、Ⅲ 阶段之间存在过渡阶段，但由于发生十分短暂，忽略不计。

　　阶段 Ⅳ，压力导数曲线下凹，为窜流流动阶段。这一阶段基质块中流体流入裂缝中，是分形参数和渗吸参数影响最为显著的阶段，保持生产速率缓慢下降。

　　阶段 Ⅴ，压力导数斜率为 1，为储层改造区拟边界流动阶段。此时，储层改造区域压力传播遇到改造区域与未改造区域的分界线，相当于遇到一个边界，产生边界效应。产量下降速度加快。

　　阶段 Ⅵ，压力导数斜率处于 1/4～1，为未改造区域拟边界流动阶段与未改造区域双线性流阶段间的一个过渡阶段，即过渡 Ⅰ 阶段。未改造区域开始供能，生产速度开始恢复缓慢稳定下降。

　　阶段 Ⅶ，压力导数斜率为 1/4，为未改造区域双线性流阶段。改造区域流体流动的同时，未改造区域流体流入改造区域。

　　阶段 Ⅷ，压力导数斜率处于 1/4～1，为未改造区域双线性流阶段与边界流阶段间的一个过渡阶段，即过渡 Ⅱ 阶段。

　　阶段 Ⅸ，压力导数斜率为 1，为边界流阶段，压力传播至未改造区域边界，产生边界效应。

　　以上九个阶段就是体积压裂直井生产的流动规律。

(2)体积压裂直井参数敏感性分析。

A. 分形参数。

对体积压裂直井储层改造区域井网分形参数对产能的影响进行敏感性分析，D 为质量分形维数，表示缝网的复杂程度；θ 为分形指数，表示流体在储层改造区域缝网的流动路径。

分别选取质量分形维数 D=1.8、1.9、2.0，分形指数 θ=0、0.1、0.2。模型计算结果如图 6.31、图 6.32 所示。当 D 减小时，压力曲线迅速下滑，压差增大，产量明显下降。当 θ 减小时，压力曲线迅速上升，压差减小，生产率明显增加。当储层改造区域开始提供产能时，分形参数的影响逐渐开始。

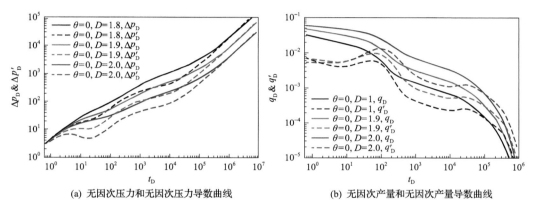

(a) 无因次压力和无因次压力导数曲线　　(b) 无因次产量和无因次产量导数曲线

图 6.31　质量分形维数 D 敏感性分析图

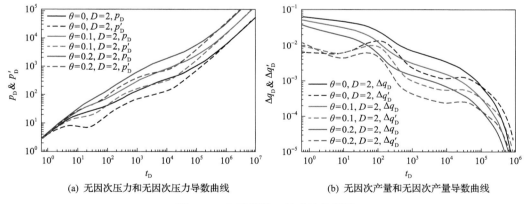

(a) 无因次压力和无因次压力导数曲线　　(b) 无因次产量和无因次产量导数曲线

图 6.32　分形指数 θ 敏感性分析图

B. 渗吸参数。

在模型中，吸收仅由毛细管力 p_c 引起，毛细管力与储层中基质的润湿性有关。基质的水润湿角 β 范围为 $0°\sim180°$。根据 Young-Laplace 方程，当 $\beta<90°$ 时，$p_c>0$，毛细管力将使裂缝中的润湿流体流入储层改造区域的基质中。由于孔隙空间不变，基质中的油会在渗吸置换作用下流入裂缝，从而起到增产效果；当 $\beta>90°$ 时，$p_c<0$，毛细管力会使油产出，其体积等于基质中油的置换体积。因此，选择基质的水润湿角 β 范围从 $90°$

到 180°进行渗吸的敏感性分析。

分别选取水润湿角 β =0°，45°，90°，计算结果与实验结果相一致，水润湿角越小，渗吸作用的影响越大，见图 6.33。渗吸对产能窜流阶段的影响显著。当 β 减小时，压力曲线迅速上升，压差减小，这导致产量在窜流阶段显著增加。另外，渗吸对生产其他阶段影响不大。在图 6.33(b)中显示每两条生产曲线有一个交叉点。在交叉点前产量随着渗吸的增加而增加，产量随着渗吸的增加而降低。换句话说，渗吸可以加快储层改造区域中基质流体的产出，而不是储量的增加。

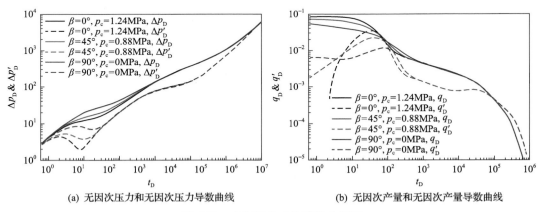

(a) 无因次压力和无因次压力导数曲线　　(b) 无因次产量和无因次产量导数曲线

图 6.33　水润湿角 β 敏感性分析图

5) 体积压裂直井现场应用

选取大庆油田 A 和 B 两口井的数据进行分析，结果见图 6.34 和图 6.35。

选取未考虑分形缝网分布的模型，其数值模拟结果在前期高于实际生产数据。而选用超低渗透油藏体积压裂直井五区复合渗流模型的模拟结果与实际井生产数据更为吻合。缝网较常规双重介质缝网更复杂，但是缝网中流体流动路径较常规双重介质缝网的直线

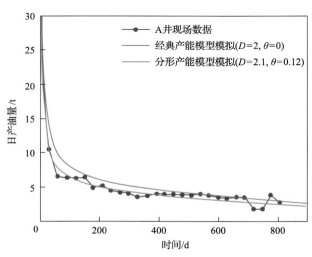

图 6.34　计算结果与现场 A 生产井日产油量对比

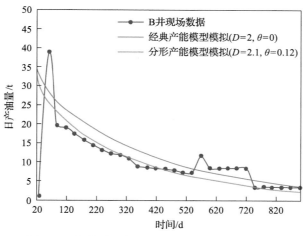

图 6.35 计算结果与现场 B 生产井日产油量对比

更曲折，运移路线更长。本模型弥补了储层改造区域缝网分布不同对产能的影响，使数值模拟结果与现场数据更吻合，可以更准确地预测产能的未来变化曲线。

6.4.2 超低渗透油藏体积压裂水平井产能计算模型及因素分析

随着水平井技术的广泛应用，以及超低渗透油藏大规模体积压裂技术的发展，超低渗透油藏的采出能力得到了很大的提高。但体积压裂造成人工裂缝与天然裂缝交叉的多尺度缝网，增加了模型的建立及求解难度[16,17]。本节基于分形渗吸介质模型，建立了考虑渗吸作用的体积压裂水平井五区复合渗流模型，更准确地研究了水平井流动特性。

1. 物理模型

大庆油田某典型体积压裂水平井微地震监测结果图及其简化计算模型如图 6.36 所示。体积压裂区域人工压裂裂缝存在自相似性，可用分形理论简化，见图 6.37。由于裂缝与基质间毛细管力的作用，基质-裂缝界面发生渗吸，裂缝中的润湿相进入岩心，增产原油。

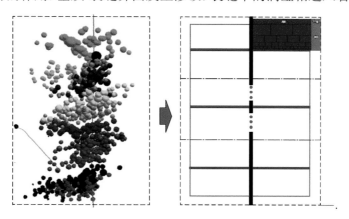

图 6.36 超低渗透油藏体积压裂水平井微地震监测结果图及简化示意图

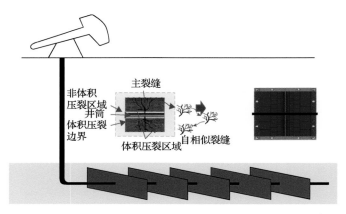

图 6.37   超低渗透油藏体积压裂水平井简化物理模型

2. 数学模型建立

在本节中，我们结合渗吸分形双孔隙模型及五区复合渗流模型，建立了超低渗透油藏储层改造水平井产能计算模型。根据假设条件，选择四分之一的主裂缝控制区域进行数学控制方程的建立，如图 6.38 所示。

3. 数学模型求解

推导的单裂缝井底压力计算公式(定产生产)如下：

$$p_{wD} = \frac{\ln 2}{t_D} \sum_{i=1}^{N} (-1)^{\frac{N}{2}+1} \left\{ \frac{\left[\sum_{k=\left[(i+1)/2\right]}^{\min(i,N/2)} \frac{k^{\frac{N}{2}}(2k)!}{\left(\frac{N}{2}-k\right)!k!(k-1)!(i-k)!(2k-i)!} \right] \times}{s + s^2 C_D \left(S - \frac{c_1 s}{\tanh(\sqrt{sb_1 - a_1 F_2})\sqrt{sb_1 - a_1 F_2}\, s} \right)} \right\} \left(\frac{\ln 2}{t_D} i \right) \tag{6.13}$$

式中，C_D 为井筒存储系数；S 为表皮系数；S 为 Laplace 变量；a_1、b_1、F_2、C_1 为模型中间变量。

单裂缝产量计算公式(定压生产)：

$$q_D = \frac{4\ln 2}{t_D} \sum_{i=1}^{N} (-1)^{\frac{N}{2}+1} \left\{ \frac{\left[\sum_{k=\left[(i+1)/2\right]}^{\min(i,N/2)} \frac{k^{\frac{N}{2}}(2k)!}{\left(\frac{N}{2}-k\right)!k!(k-1)!(i-k)!(2k-i)!} \right] \times}{Ss - \frac{c_1 s^2}{\tanh(\sqrt{sb_1 - a_1 F_2})\sqrt{sb_1 - a_1 F_2}\, s}} \right\} \left(\frac{\ln 2}{t_D} i \right) \tag{6.14}$$

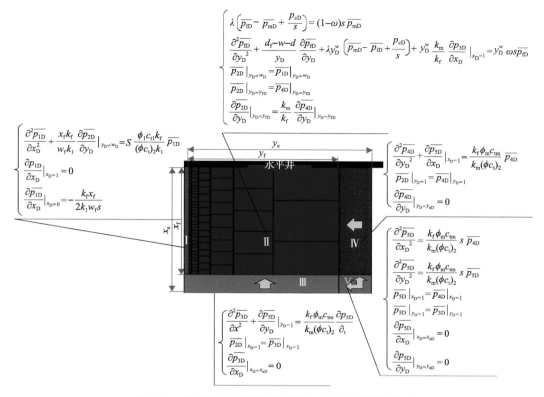

$$\begin{cases} \lambda\left(\overline{p_{\mathrm{fD}}}-\overline{p_{\mathrm{mD}}}+\dfrac{p_{\mathrm{cD}}}{s}\right)=(1-\omega)s\,\overline{p_{\mathrm{mD}}} \\[2mm] \dfrac{\partial^2\overline{p_{\mathrm{fD}}}}{\partial y_{\mathrm{D}}^2}+\dfrac{d_{\mathrm{f}}-w-d}{y_{\mathrm{D}}}\dfrac{\partial\overline{p_{\mathrm{fD}}}}{\partial y_{\mathrm{D}}}+\lambda y_{\mathrm{D}}^{w}\left(\overline{p_{\mathrm{mD}}}-\overline{p_{\mathrm{fD}}}+\dfrac{p_{\mathrm{cD}}}{s}\right)+y_{\mathrm{D}}^{w}\dfrac{k_{\mathrm{m}}}{k_{\mathrm{f}}}\dfrac{\partial\overline{p_{\mathrm{3D}}}}{\partial x_{\mathrm{D}}}\Big|_{x_{\mathrm{D}}=1}=y_{\mathrm{D}}^{w}\,\omega s\overline{p_{\mathrm{fD}}} \\[2mm] \overline{p_{\mathrm{2D}}}\big|_{y_{\mathrm{D}}=w_{\mathrm{D}}}=\overline{p_{\mathrm{1D}}}\big|_{y_{\mathrm{D}}=w_{\mathrm{D}}} \\[1mm] \overline{p_{\mathrm{2D}}}\big|_{y_{\mathrm{D}}=y_{\mathrm{fD}}}=\overline{p_{\mathrm{4D}}}\big|_{y_{\mathrm{D}}=y_{\mathrm{fD}}} \\[1mm] \dfrac{\partial\overline{p_{\mathrm{2D}}}}{\partial y_{\mathrm{D}}}\Big|_{y_{\mathrm{D}}=y_{\mathrm{fD}}}=\dfrac{k_{\mathrm{m}}}{k_{\mathrm{f}}}\dfrac{\partial\overline{p_{\mathrm{4D}}}}{\partial y_{\mathrm{D}}}\Big|_{y_{\mathrm{D}}=y_{\mathrm{fD}}} \end{cases}$$

$$\begin{cases} \dfrac{\partial^2\overline{p_{\mathrm{1D}}}}{\partial x_{\mathrm{D}}^2}+\dfrac{x_{\mathrm{f}}k_{\mathrm{f}}}{w_{\mathrm{f}}k_1}\dfrac{\partial\overline{p_{\mathrm{2D}}}}{\partial y_{\mathrm{D}}}\Big|_{y_{\mathrm{D}}=w_{\mathrm{D}}}=S\dfrac{\phi_1 c_{\mathrm{t1}}k_{\mathrm{f}}}{(\phi c_{\mathrm{t}})_2 k_1}\overline{p_{\mathrm{1D}}} \\[2mm] \dfrac{\partial p_{\mathrm{1D}}}{\partial x_{\mathrm{D}}}\Big|_{x_{\mathrm{D}}=1}=0 \\[2mm] \dfrac{\partial p_{\mathrm{1D}}}{\partial x_{\mathrm{D}}}\Big|_{x_{\mathrm{D}}=0}=-\dfrac{k_{\mathrm{f}}x_{\mathrm{f}}}{2k_1 w_{\mathrm{f}}s} \end{cases}$$

$$\begin{cases} \dfrac{\partial^2\overline{p_{\mathrm{4D}}}}{\partial y_{\mathrm{D}}^2}+\dfrac{\partial\overline{p_{\mathrm{5D}}}}{\partial x_{\mathrm{D}}}\Big|_{x_{\mathrm{D}}=1}=\dfrac{k_{\mathrm{f}}\phi_{\mathrm{m}}c_{\mathrm{tm}}}{k_{\mathrm{m}}(\phi c_{\mathrm{t}})_2}\overline{p_{\mathrm{4D}}} \\[2mm] \overline{p_{\mathrm{2D}}}\big|_{y_{\mathrm{D}}=1}=\overline{p_{\mathrm{4D}}}\big|_{y_{\mathrm{D}}=1} \\[2mm] \dfrac{\partial\overline{p_{\mathrm{4D}}}}{\partial y_{\mathrm{D}}}\Big|_{y_{\mathrm{D}}=y_{\mathrm{eD}}}=0 \end{cases}$$

$$\begin{cases} \dfrac{\partial^2\overline{p_{\mathrm{5D}}}}{\partial x_{\mathrm{D}}^2}=\dfrac{k_{\mathrm{f}}\phi_{\mathrm{m}}c_{\mathrm{tm}}}{k_{\mathrm{m}}(\phi c_{\mathrm{t}})_2}s\,\overline{p_{\mathrm{4D}}} \\[2mm] \dfrac{\partial^2\overline{p_{\mathrm{5D}}}}{\partial y_{\mathrm{D}}^2}=\dfrac{k_{\mathrm{f}}\phi_{\mathrm{m}}c_{\mathrm{tm}}}{k_{\mathrm{m}}(\phi c_{\mathrm{t}})_2}s\,\overline{p_{\mathrm{5D}}} \\[2mm] \overline{p_{\mathrm{5D}}}\big|_{x_{\mathrm{D}}=1}=\overline{p_{\mathrm{4D}}}\big|_{x_{\mathrm{D}}=1} \\[2mm] \overline{p_{\mathrm{5D}}}\big|_{y_{\mathrm{D}}=1}=\overline{p_{\mathrm{3D}}}\big|_{y_{\mathrm{D}}=1} \\[2mm] \dfrac{\partial\overline{p_{\mathrm{5D}}}}{\partial x_{\mathrm{D}}}\Big|_{x_{\mathrm{D}}=x_{\mathrm{eD}}}=0 \\[2mm] \dfrac{\partial\overline{p_{\mathrm{5D}}}}{\partial y_{\mathrm{D}}}\Big|_{y_{\mathrm{D}}=y_{\mathrm{eD}}}=0 \end{cases}$$

$$\begin{cases} \dfrac{\partial^2\overline{p_{\mathrm{3D}}}}{\partial x^2}+\dfrac{\partial\overline{p_{\mathrm{5D}}}}{\partial y_{\mathrm{D}}}\Big|_{y_{\mathrm{D}}=1}=\dfrac{k_{\mathrm{f}}\phi_{\mathrm{m}}c_{\mathrm{tm}}}{k_{\mathrm{m}}(\phi c_{\mathrm{t}})_2}\dfrac{\partial p_{\mathrm{3D}}}{\partial_{\mathrm{t}}} \\[2mm] \overline{p_{\mathrm{2D}}}\big|_{x_{\mathrm{D}}=1}=\overline{p_{\mathrm{3D}}}\big|_{x_{\mathrm{D}}=1} \\[2mm] \dfrac{\partial p_{\mathrm{3D}}}{\partial x_{\mathrm{D}}}\Big|_{x_{\mathrm{D}}=x_{\mathrm{eD}}}=0 \end{cases}$$

图 6.38　超低渗透油藏体积压裂水平各区域数学模型

$\overline{p_{\mathrm{fD}}}$ -拉普拉斯空间储层改造区域无量纲压力；$\overline{p_{\mathrm{1D}}}$ -拉普拉斯空间区域 I 的无量纲压力；$\omega=\dfrac{(\varphi C_{\mathrm{t}})_{\mathrm{f}}}{(\varphi C_{\mathrm{t}})_{\mathrm{f}}+(\varphi C_{\mathrm{t}})_{\mathrm{m}}}$；$\overline{p_{\mathrm{2D}}}$ -拉普拉斯空间区域 II 的无量纲压力；$\overline{p_{\mathrm{3D}}}$ -拉普拉斯空间区域 III 的无量纲压力；$\overline{p_{\mathrm{4D}}}$ -拉普拉斯空间区域 IV 的无量纲压力；$\overline{p_{\mathrm{5D}}}$ -拉普拉斯空间区域 V 的无量纲压力；s-拉普拉斯变量；x_{e}-1/4 生产区域的长度，m；y_{e}-1/4 生产区域的宽度，m；d_{f}-缝网的复杂程度；w-流体在储层改造区域缝网的流动路径

　　水平井有多个压裂裂缝，产能预测模型在实际应用时需得知各裂缝的产能，并将其组合在一起。根据水平井各级裂缝的条数和压裂布缝方式的特点，方可求出水平井单井产能预测模型。根据建立的几何模型，模拟后的平面压力及流线图均是以主裂缝为轴对称分布的，两主裂缝间存在不流动区域，形成缝间干扰边界，如图 6.39 和图 6.40 所示。体积压裂水平井存在的裂缝形态可以分为内部裂缝和端部裂缝两种形态。为了表征水平井压裂裂缝缝间的相互干扰，可以通过不流动边界，根据裂缝分布形态，基于 Mayer 裂缝叠加计算产量的方法，得到存在多级压裂的超低渗透油藏体积压裂水平井产能计算模型，并以现场数据为基础，进行影响因素敏感性分析及现场应用计算。

4. 水平井单井产能影响因素分析

　　影响产能的主要影响参数包括水平井簇数、簇间距、裂缝条数、体积压裂区域大小、体积压裂缝网密度、基质渗透率、基质孔隙度、储层改造区域弹性储容比、储层改造区域窜流系数、储层改造区域宽、储层改造区域长、储层改造区域渗透率等。可以将产能

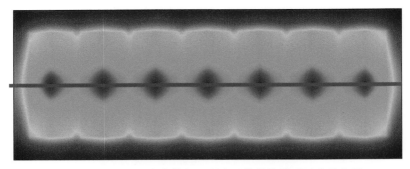

图 6.39　超低渗透油藏体积压裂水平井数值模型压力分布图

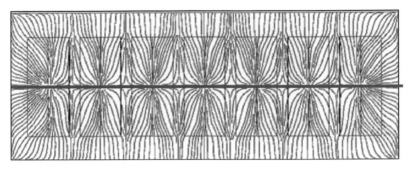

图 6.40　超低渗透油藏体积压裂水平井数值模型流线分布图

影响参数主要归结为储层基本参数、储层改造参数、水平井设计参数三个方面。

研究表明：储层基本参数中基质孔隙度对水平井产能影响显著；储层改造参数中，储层压裂区域大小、缝网分形程度对水平井产能影响显著，且储层改造区域越大，亲水润湿性越强，渗吸作用对产能的影响越显著；相同改造区域下改造区域形状越窄长，产量越大；水平井设计参数中，水平井缝间距越小，生产速度越快，增产幅度随之逐渐减小。

根据现场储层孔隙度分布，分别选取 6%、8%、10%、12%的基质孔隙度对累计产油量进行影响程度分析，累计产量计算结果见图 6.41。在其他参数相同时，基质中孔隙度越高，最终累计产油量越高。基质孔隙度等比变化，对累计产油量的影响也呈等比趋势变化。

厚度为 1m 的储层改造体积 SRV 分别为 $0.1km^3$、$0.2km^3$、$0.3km^3$、$0.4km^3$、$0.5km^3$、$0.6km^3$、$0.7km^3$ 时，计算超低渗透油藏压裂水平井单井日产油量曲线，计算结果见图 6.42。从图 6.42 中可以看出形状因子一定时，SRV 越大，日产量越高，但增幅逐渐变缓；经济生产周期内，SRV 越大，累计产量越高。所以可以将体积压裂区域面积作为评价储层压裂的优劣的参数之一。

6.4.3　考虑非均匀产液和压裂液不完全返排情况下体积压裂水平井产能计算

目前关于压裂水平井中对裂缝、水平井筒流量非均匀分布及压裂液并不能完全返排至地面的现象的描述很少，但大量生产测试和动态资料表明，多段压裂水平井部分压裂

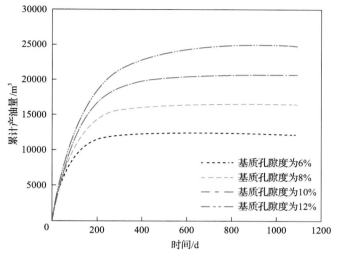

图 6.41　不同基质孔隙度下水平井累计产油量

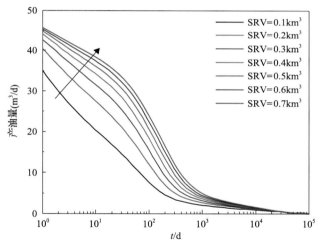

图 6.42　不同改造区域体积下水平井日产油量

裂缝产油量很小甚至不产油，且压裂液返排不高。因此，非常有必要建立考虑非均匀产液和压裂液不完全返排情况下体积压裂水平井产能计算模型来指导油田现场。

1. 物理模型

以非均匀产液为例，图 6.43 为多段压裂水平井不均匀产液物理模型；图 6.44 为考虑压裂裂缝和水平井筒非均匀产液的压裂水平井物理模型；图 6.45 为双段裂缝非均匀产液物理模型。

2. 自主研发的体积压裂水平井试井解释软件

自主研发的体积压裂水平井试井解释软件(MPA)见图 6.46，该软件创新考虑压裂水平井裂缝闭合和导流能力变化、考虑压裂水平井非均匀产液、水平井产液位置识别、水

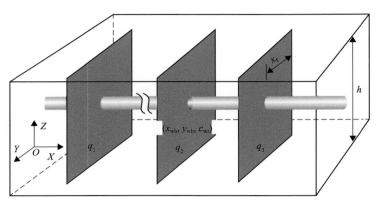

图 6.43　多段压裂水平井不均匀产液物理模型

$q_1 \sim q_3$-三段裂缝的产量

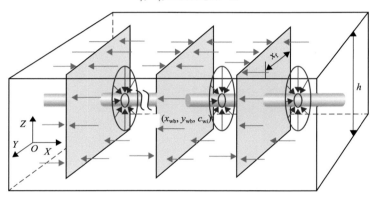

图 6.44　考虑压裂裂缝和水平井筒非均匀产液的压裂水平井物理模型

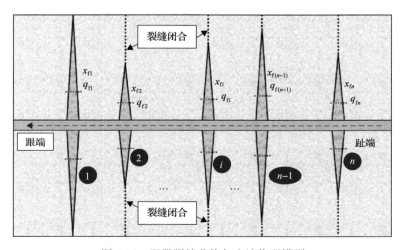

图 6.45　双段裂缝非均匀产液物理模型

平井来水方向判别及压裂液不完全返排等试井模型和解释方法。采用有效的优化算法，结合测井及地质资料，实现实测压力自动拟合，计算压裂裂缝的导流能力、流量及地层渗透率等参数，达到了识别多段压裂水平井渗流能力、优化裂缝参数，最终提高增产效果的目的。

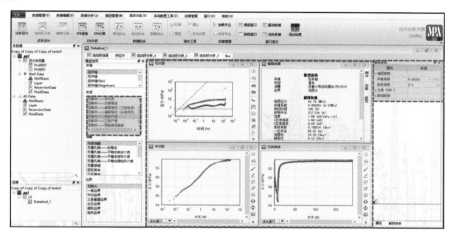

图 6.46　MPA 软件界面示意图

3. 矿场应用

1）体积压裂水平井非均匀产液实例应用——固平 43-54 井

利用 MPA 试井解释软件对固平 43-54 井测试压力数据进行拟合，为了降低解释的多解性，将该井的 13 个射孔段组合为 4 个大段进行解释，通过拟合算法得到了实测压力拟合图，如图 6.47 所示。从图中可以看出实测无因次井底压力及无因次井底压力导数和理论模型曲线拟合较好，解释结果见表 6.3 和表 6.4。

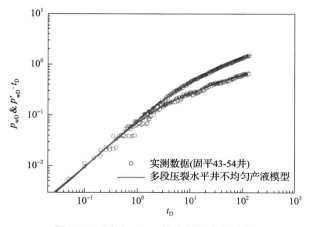

图 6.47　固平 43-54 井实测压力拟合图

从图 6.47 和表 6.3、表 6.4 中可以看出，该井早期无因次井底压力曲线和无因次井底压力导数曲线重合，斜率近似为 1，井储阶段较长，井筒储集效应严重，裂缝闭合会产生一个等效井储，所以也就使解释的井筒储集系数偏大。井储阶段之后，驼峰不明显，污染较轻。早期径向流消失，后期压力和压力导数曲线呈现压裂井特征。

表 6.3 试井解释成果表

地层系数 k_h/(mD·m)	流动系数 k_h/μ[mD·m/(mPa·s)]	井筒储集系数 C/(m³/MPa)	平均水平渗透率 k_H/mD	平均垂向渗透率 k_V/mD	裂缝数 n	裂缝半长 x_f/m	总表皮系数 S_t	压力恢复最后压力 P^*/MPa	拟合目前地层压力 P/MPa
29.6	15.3	3.1	1.16	0.12	13	47	−2.2	12.11	16.4

表 6.4 固平 43-54 井各段产液解释结果

组合段	射孔	射孔簇(段)/m	产液量/(m³/d)
1	1	1901.48、1911.57	1.3
	2	1960.38、1970.47	
	3	2022.40、2032.48	
2	4	2080.17、2090.27	1.6
	5	2146.48、2156.57	
	6	2215.89、2225.89	
3	7	2270.77、2280.77	6.9
	8	2342.22、2352.31	
	9	2406.83、2416.92	
4	10	2481.97、2492.06	4.92
	11	2552.65、2562.58	
	12、13	2636.00、2645.98	
		2694.00、2704.00	
合计			14.72

从解释的各组合段可以明显看出第一段和第二段产液量较低，第三段和第四段产液量较高。压裂施工参数表明在 2111.5~2200.1m 处多次尝试后依然压裂失败，这样导致该段产液量很低。将各射孔段组合后可以用不均匀产液试井模型解释出各段产液量，诊断高产液位置和低产液位置。

将不均匀产液试井解释结果与中子伽马测井解释和产液剖面解释结果放在一起，如图 6.48 所示。

对比三种解释结果可以发现，虽然试井是将射孔段进了组合，然后进行解释，但解释结果与产液剖面测试结果相接近，并且该井的电阻层析成像(ERT)测试结果也验证了解释结果的准确性。

将上述方法应用于长庆油田化 108 井区的化平 1、化平 6 和化平 11，得到了水平井压裂裂缝的导流系数、地层渗透率、产液段位置，可指导油田生产。

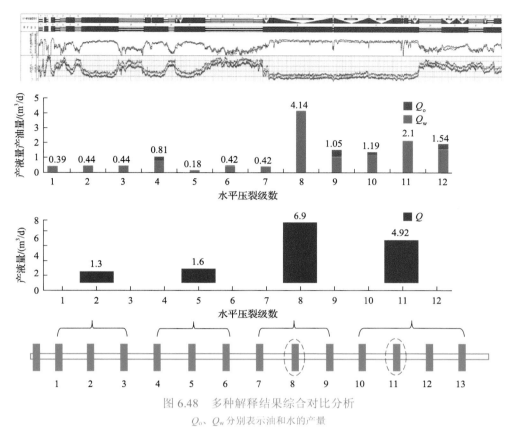

图 6.48　多种解释结果综合对比分析

Q_o、Q_w 分别表示油和水的产量

2) 压裂液不完全返排情况实例应用——安 83 区 1 口典型井

压裂施工结束后进行压裂液返排，到油井见油后，还有部分压裂液滞留，导致改造区地层压力上升。计算了每簇有效入地压裂液与压力抬升值的关系，如表 6.5 所示。分析了考虑和不考虑压裂液完全返排情况下井底压力及产量随时间的变化规律，如图 6.49 所示。从表 6.5 和图 6.49 中可以看出，每簇有效入地压裂液为 650m³，压力抬升值约为 6MPa（由原始地层压力 12MPa 抬升至 18MPa）。同时压裂液滞留使产能提高，由 4m³/d 提高至 16m³/d，提升 3 倍。采出液量较多，累计亏空较大，造成压力下降，单井产量下降。

表 6.5　每簇有效入地压裂液与压力抬升值的关系

每簇有效入地压裂液/m³	压力抬升值/MPa
700	6.3
650	5.9
600	5.4
550	5.0
450	4.1

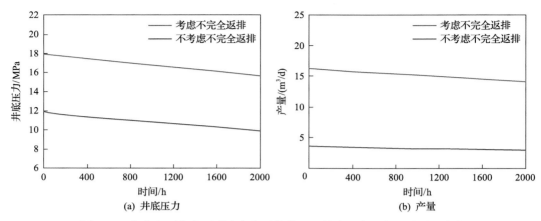

图 6.49   考虑和不考虑压裂液完全返排情况下井底压力及产量随时间变化

参 考 文 献

[1] 杨正明, 刘先贵, 张仲宏, 等. 特低-超低渗透油藏储层分级评价和井网优化数值模拟技术[M]. 北京: 石油工业出版社, 2012

[2] 于荣泽. 特低渗透油藏非线性渗流数值模拟研究及应用[D]. 北京: 中国科学院大学渗流流体力学研究所, 2011.

[3] 杨清立. 特低渗透油藏非线性渗流理论及其应用[D]. 北京: 中国科学院渗流流体力学研究所, 2007.

[4] 朱维耀, 鞠岩, 赵明, 等. 低渗透裂缝性砂岩油藏多孔介质渗吸机理研究[J]. 石油学报, 2002, 6: 56-59, 3.

[5] 殷代印, 蒲辉, 吴应湘. 低渗透裂缝油藏渗吸法采油数值模拟理论研究[J]. 水动力学研究与进展(A 辑), 2004, 4: 440-445.

[6] 王志凯, 程林松, 曹仁义, 等. 三维压裂缝网不稳定压力半解析求解方法[J]. 力学学报, 2021, 53(8): 1-11.

[7] 黄延章, 杨正明, 何英, 等. 低渗透多孔介质中的非线性渗流理论[J]. 力学与实践, 2013, 1(5): 8.

[8] 任龙, 苏玉亮, 赵广渊. 致密油藏非达西渗流流态响应与极限井距研究[J]. 中南大学学报(自然科学版), 2015, 46(5): 1732-1738.

[9] 公言杰, 柳少波, 姜林, 等. 致密砂岩气非达西渗流规律与机制实验研究——以四川盆地须家河组为例[J]. 天然气地球科学, 2014, 25(6): 804-809.

[10] 程时清, 汪洋, 郎慧慧, 等. 致密油藏多级压裂水平井同井缝间注采可行性[J]. 石油学报, 2017, 38(12): 1411-1419.

[11] 姚军, 殷修杏, 樊冬艳, 等. 低渗透油藏的压裂水平井三线性流试井模型[J]. 油气井测试, 2011, 20(5): 1-5.

[12] 苏玉亮, 王文东, 盛广龙. 体积压裂水平井复合流动模型[J]. 石油学报, 2014, 35(3): 504-510.

[13] Stalgorova E, Matter L. Practical analytical model to simulate production of horizontal wells with branch fractures[C]. The SPE Canada Unconventional Resources Conference, Calagary, 2012.

[14] Su Y L, Sheng G L, Wang W D, et al. A mixed-fractal flow model for stimulated fractured vertical well in tight oil reservoirs[J]. Fractals, 2016, 24: 1650006.

[15] Wang W D, Shahvali M, Su Y L. A semi-analytical fractal model for production from tight oil reservoirs with hydraulically fractured horizontal wells[J]. Fuel, 2015, 158: 612- 618.

[16] Chang J C, Yortsos Y C. Pressure transient analysis of fractal reservoir[J]. SPE Reservoir Evaluation & Engineering, 1990,5: 31.

[17] Cossio M, Moridis G, Blasingame T A. A semianalytic solution for flow in finite-conductivity vertical fractures by use of fractal theory[C]. The SPE Annual Technical Conference and Exhibition, San Antonio, 2012.